辽宁省计算机基础教育学会规划教材

Visual Basic 程序设计 上机实验教程

主审：李振业

主编：薛大伸　朱　斌

编著：刘　宁　张升文

大连理工大学出版社

Dalian University of Technology Press

ⓒ薛大伸，朱斌 2002

图书在版编目(CIP)数据

Visual Basic 程序设计上机实验教程/ 薛大伸，朱斌主编． —2 版． —大连：大连理工大学出版社，2002.8(2010.2 重印)

（辽宁省计算机基础教育学会规划教材）

ISBN 978-7-5611-1578-7

Ⅰ．V… Ⅱ．①薛…②朱… Ⅲ．BASIC 语言－程序设计 Ⅳ．TP312

中国版本图书馆 CIP 数据核字(2002)第 059633 号

大连理工大学出版社出版

地址：大连市软件园路 80 号 邮政编码：116023
发行：0411-84706041 邮购：0411-84706041 传真：0411-84707403
E-mail：dutp@dutp.cn URL：http://www.dutp.cn
大连理工印刷有限公司印刷 大连理工大学出版社发行

幅面尺寸：185mm×260mm 印张：7 字数：158 千字
印数：11001～13000
2000 年 6 月第 1 版 2002 年 8 月第 2 版
2010 年 2 月第 4 次印刷

责任编辑：刘晓晶 梁艾玲 责任校对：王影琢
封面设计：季 强

ISBN 978-7-5611-1578-7 定 价：38.00 元(共两册)

序

计算机技术是各个学科学习、教学和科研必不可少的工具,这已成为所有学科的专家、学者的共识。这就要求每位科学工作者和业务人员都能熟练地使用计算机开展业务和科研工作。在大学就要培养学生掌握熟练操纵计算机完成本专业科研和业务的技能。完成大学中的课程设计、毕业论文,有些学生在校期间就要开展科研工作,这些都需要在校期间就要学习与本专业有关的计算机知识和操作技能。

随着教学模式和手段的改革,计算机辅助教学、网络教学、远程教学已经蓬勃发展,将逐渐取代传统的教学模式和手段。这些都依赖于计算机技术的支持,每位学生和教师都要具有一定的计算机技术基础。学生要在网上学习、做作业、考试等等,都需要学习和掌握计算机操作、网络操作等技能;教师要利用计算机制作电子课件,进行网络教学,开展科研工作,也需要具有较强的结合专业的计算机技术基础,这就要求他们在大学学习较深入的计算机基础知识并掌握操作技能。这些都对计算机教学提出了新的要求。

1. 加大语言课的深度

非计算机专业开设计算机语言课是培养学生的逻辑思维方法、提高对计算机应用技术的深入理解、掌握各专业应用软件二次开发技能的重要途径,是现在和将来都需要开设的课程。

目前,根据大专业群,我省各高校分别开设了 C 语言程序设计、FORTRAN 语言程序设计、FoxPro 程序设计和 Visual-BASIC 程序设计课。这是当前在学习计算机文化基础课后,在设备、师资等条件限制下设置的。随着计算机技术的发展,设备条件的提高,科学形势的发展,需要提高计算机语言教学的层次和深度,比如 C 语言要提到 C++ 或 VisualC++,FoxPro 要提到 Visual FoxPro,在 DOS 平台上的 FORTRAN 语言也需要更换为 Windows 平台上的相应语言。另外,还需要把专业群细分,开设 Java 语言等课程。

2. 开设计算机选修课

为了培养复合型人才,可以开设计算机选修课,计算机选修课要根据计算机技术发展和形势需要开设,目前至少可以开设计算机网络应用、网页制作、多媒体技术应用等课程,也可以开设一些有一定深度的数据结构、软件工程、计算机组装与维护等课程。

3.开设结合专业的计算机课

开设结合专业的计算机课是今后非计算机专业计算机基础教学的重点,是各专业培养合格人才的重要内容之一。它的目标是使各专业的毕业生都能熟练地使用计算机从事本专业的业务和科研工作。因此,辽宁省计算机基础教学指导委员会组织编写了高等学校计算机基础课系列教材。

这套教材的目的是:

·启发学生的学习兴趣,将计算机知识变得容易学。

·与所学的专业相结合,真正将计算机技术作为一种手段,服务于专业。

·与实际相结合,选择大量的例题、实例,提高学生的动手能力与解决实际问题的能力。

希望广大师生在使用这套省编教材的同时,多提宝贵意见,共同为提高全省高校计算机基础课程的教学成果而共同努力。

刘百惠

2002 年 2 月

前　言

　　本书是《Visual Basic 程序设计基础》一书的配套实验教材。在全书的编排上，力求从培养学生扎实的基础和提高学生能力两方面入手，即围绕着使学生掌握 Visual Basic 程序设计的基本方法和提高学生 Visual Basic 应用开发能力这两个方面来组织内容，除紧扣教学篇的内容相应安排了与其内容相关的基础实验外，还给出了课内思考题和课外作业题。目的是使学生通过实验，从程序设计、应用程序的开发、动手能力和解决实际问题的能力三个方面都能够得到训练，以适应计算机技术飞速发展的需要。

　　参加编写的作者都是长期从事计算机基础教育的教师，有着丰富的教学改革和教材编写经验。其中实验一至四由朱斌编写，实验五至八由刘宁编写，实验九至十三由张升文编写。全书由李振业主审，薛大伸、朱斌主编。

　　由于作者水平有限，书中难免有疏漏之处，恳请读者批评指正。

编　者

2002 年 8 月

目　　录

上 机 实 验

实验一　VB 程序开发环境的初步了解

实验目的

1. 掌握 VB 的启动和退出方法。
2. 熟悉 VB 的集成开发环境。
3. 掌握建立一个应用程序的基本操作步骤和方法。
4. 掌握运行程序和编译程序的方法。

预备知识

1. 熟悉 Windows 98 或 Windows 95 操作系统。
2. 掌握文件和文件夹的概念和基本操作方法。
3. 掌握鼠标的基本操作。
4. 掌握一般应用软件的基本使用方法(如 Word 编辑软件)。
5. 了解标题栏、菜单栏和工具栏的概念和用途。

实验内容 1

VB 应用程序的建立与保存。

说明

在窗体窗口上,建立命令按钮,调整它的大小和位置,修改它的属性,并保存所建立的 VB 应用程序,退出 VB 开发环境,然后打开刚刚保存的 VB 应用程序。

操作步骤

1. 启动 VB
- 单击 Windows98 的"开始"按钮。
- 在弹出的菜单中单击"程序"项。
- 再选取"Microsoft Visual Basic 6.0"文件夹。
- 最后在弹出的菜单中执行"Microsoft Visual Basic 6.0 中文版"命令。
2. 新建工程

启动 VB 后,出现图 1.1"新建工程"对话框,在"新建"标签页中,选取"标准 EXE"图标,按"打开"按钮,创建一个新工程。

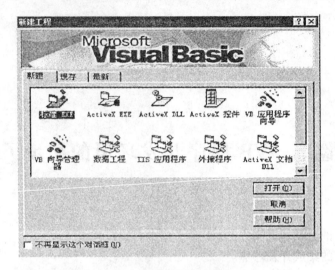

图1.1　"新建工程"对话框

3. 打开的 Visual Basic 的开发环境如图 1.2 所示

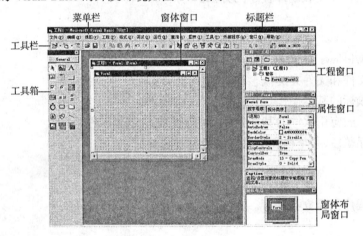

图1.2　VB 开发环境

4. 建立和选取控件

● 建立控件。在工具箱的 ▭ 命令按钮上双击后,窗体窗口的中央会出现标题名称为 Command1 的控件。

● 建立控件另一种的方式是,单击工具箱的 ▭ 命令按钮后,该工具会凹下去。再将鼠标指针移到窗体窗口内的适当位置,按住鼠标左键拖动十字指针拉出控件的外框。待大小合适后松开鼠标左键,窗体窗口中出现标题名称为 Command2 的控件(假设窗体窗口中已有 Command1 控件)。

● 选取控件。将鼠标指针移到 Command1 控件内单击,控件周围会出现八个小黑点,表示选取了该控件,可以对它进行调整大小、删除和设置属性等操作。

5. 移动、删除和调整控件的大小

● 移动控件。将鼠标指针移到 Command1 控件内,按住鼠标左键并拖动鼠标,把 Command1 控件移到合适的位置后,松开鼠标左键。

● 调整控件的大小。选取 Command1 控件,移动鼠标指针到任一小黑点上,鼠标指针变成方向指针,按住左键并拖动鼠标,大小合适后松开鼠标左键。

● 删除控件。选取要删除的控件,按键盘的"Delete"键。

6. 控件的属性设置(假设窗体窗口中已有 Command1 和 Command2 两个控件)

● 选取要设置属性的控件 Command1。在属性窗口中找到要设置的属性名称,如"Caption",将鼠标移到"Caption"项右侧的文本框中,单击鼠标左键。将"Command1"改为"按钮"。窗体窗口中的"Command1"变成"按钮"。

● 另一种方法是,在属性窗口中,单击右上角向下箭头按钮,从列表框中选择条目"Command2 CommandButton",找到"Enabled"属性,将鼠标移到"Enabled"项中,双击鼠标左键或单击鼠标左键,从列表框中选择属性值。完成控件 Command2 的 Enabled 属性的设置,看看窗体窗口有何变化。

7. 保存文件

● 在菜单栏中单击"文件",从弹出的菜单中选择"保存工程"命令,屏幕上会出现"文件另存为"对话框,如图 1.3 所示。

● 在文件名中输入适当的窗体文件名,例如 Sample1,缺省的文件名为 Form1,扩展文件名为 .frm。

● 选择适当的文件存储路径,例如 D:\ vb program,然后单击"保存"按钮。注意:如果没有改路径,请自行建立。

● 接着屏幕出现"工程另存为"对话框,如图 1.4 所示。

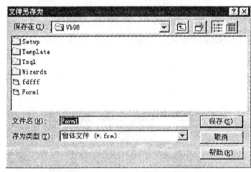

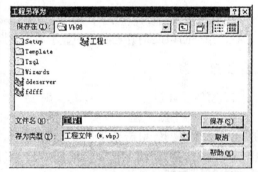

图 1.3 "文件另存为"对话框　　　　　　图 1.4 "工程另存为"对话框

● 输入合适的工程名,例如 Sample1,缺省的文件名为 Project1,扩展文件名为 .vbp。

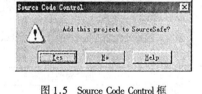

● 再选择保存该文件的适当路径,例如 D:\ vb program,然后单击"保存"按钮。注意:如果出现图 1.5 所示的对话框,选择"No"命令按钮。

图 1.5 Source Code Control 框

● 在菜单栏中单击"文件",从弹出的菜单中选择"退出"命令,关闭 VB 程序。

8. 打开已存在的文件

● 启动 VB。

● 在图 1.1"新建工程"对话框中,点击"现存"标签页。

● 在 D:\ vb program 路径中,选中 Sample 工程文件,按"打开"按钮,可以重新编辑存在的文件。

● 另一种方法是,在"我的电脑"中,双击 Sample 工程文件,如图 1.6 所示。注意:工程文件和窗体文件的图标是不一样的,尽管它们的名字是一样的。

图 1.6　打开工程文件

实验内容 2

建立、运行和编译一个应用程序的过程。

说明

在窗体窗口上,建立两个命令按钮 Showdate 和 Showtime,两个标签控件 Label1 和 Label2。当按 Showdate 时在 Label1 中显示系统日期,按 Showtime 时在 Label2 中显示系统时间。

操作步骤

1. 窗体设计过程

● 创建一个新工程。按实验内容 1 步骤 1、2 或在 VB 开发环境下,单击菜单栏中"文件"项,从弹出的菜单中选择"新建工程"命令,然后选择"标准"项,按"确认"按钮。

● 在窗体窗口中放置两个命令按钮控件和两个标签控件,如图 1.7 所示。

2. 设置各控件对象的属性值(如表 1.1 所示)

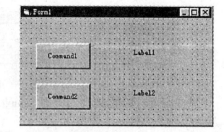

图 1.7　窗体布局

表 1.1　　　　　　　　　　　　各控件属性值设置

控件对象	属性	设置值
Form1	Caption	显示日期和时间
Command1	Caption	日期
	名称	showdate
Command2	Caption	时间
	名称	showtime
Label1	Caption	[none]
Label2	Caption	[none]

3．编辑代码

● 双击窗体窗口中任何位置或单击"工程窗口"的 ，打开代码编辑窗口，如图1.8所示。

图 1.8　代码窗口

● 在代码窗口中，单击左侧对象（Object）列表框的向下箭头按钮，从列表框中选择 "showdate"对象；从右侧列表框中选择"Click"事件。此时代码窗口中出现程序代码的过程头和过程尾，格式如下：

Private Sub showdate _ Click( )

End Sub

● 在 showdate _ Click( )过程的头和尾之间输入如下代码：

Label1. Caption = date　　　　　　　　　　　　　　'单击日期按钮，标签 Label1 中显示系统日期

● 在代码窗口中，单击左侧对象（Object）列表框的向下箭头按钮，从列表框中选择 "showtime"对象；从右侧列表框中选择"Click"事件。此时代码窗口中出现程序代码的过程头和过程尾，格式如下：

Private Sub showtime _ Click( )

End Sub

● 在 showtime _ Click( )过程的头和尾之间输入如下代码：

Label2. Caption = time　　　　　　　　　　　　　　'单击时间按钮，标签 Label2 中显示系统时间

4．运行程序

● 按 F5 键或单击工具栏的 ▶ ，运行程序。

● 单击窗体中的"日期"和"时间"按钮，看看运行的结果是什么？

● 单击工具栏的 ■ ，可以结束程序的运行。

5．将程序编译成可执行文件

● 单击菜单栏中"文件"项，从弹出的菜单中选择"生成工程"命令，屏幕上会出现"生成工程"对话框，如图1.9所示。

● 输入合适的文件名，缺省名为 Project1.exe。再选择保存该文件的适当路径，然后单击"保存"按钮（注意：必须记住文件保存在哪个目录下）。

● 单击标题栏右边 ✕ ，可以退出 VB 的开发环境。

● 运行刚才编译好的程序文件。

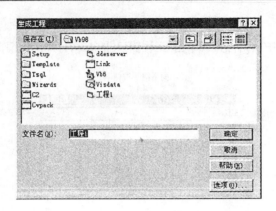

图 1.9 "生成工程"对话框

实验内容 3

关闭和打开工具箱窗口。

说明

通过关闭工具箱窗口扩大窗体布局窗口,学会调整 VB 的集成开发环境窗口。

操作步骤

1. 单击工具箱窗口右上角 ⊠,可以关闭窗口。
2. 在菜单栏中单击"视图"项,从弹出的菜单中选择"工具箱"命令,可以打开工具箱窗口。

课内思考题

1. 如何通过工具栏中的按钮打开和保存工程文件?
2. 如何通过菜单栏打开代码窗口?
3. 如何关闭和打开"工程窗口"、"属性窗口"和"窗体布局窗口"?
4. 在本实验中保存 VB 程序时,保存了几种类型的文件,它们的关系如何?

课外作业题

自己建立一个 VB 应用程序,将它保存在软盘中,然后再打开它。

实验二　简单 VB 程序设计

实验目的

1. 熟练使用 VB 的集成开发环境。
2. 掌握建立和运行 VB 程序的过程。

3．掌握窗体、命令按钮、文本框和标签控件的基本功能。

4．加深对面向对象程序设计方法的理解。

5．掌握常用方法(Print、Move、Cls)的使用。

预备知识

1．了解工具箱中各图标所代表的控件。

2．熟悉本实验中涉及的常用属性的含义。

3．熟悉本实验中所用事件的含义。

4．熟悉本实验中所用方法的含义。

5．编辑程序代码的方法。

6．建立应用程序的步骤和运行程序的方法。

实验内容 1

Print 和 Cls 方法的功能。

说明

利用窗体的 Activate 事件，当程序运行时，在窗体上显示内容，双击窗体时清除窗体上的内容。

操作步骤

1．创建一个新工程。

2．双击窗体或按"工程窗口"的 ▣ ，打开代码窗口。

3．在代码窗口中，按左侧对象(Object)框的向下箭头按钮，从列表框中选择条目 Form1(窗体对象)；从右侧列表框中选择条目 Activate 事件，输入如下代码：

```
Private Sub Form _ Activate()
    Print " ABC "                    '在窗体中输出 ABC
End Sub
```

(注意：标点符号、运算符在半角状态下输入。)

按左侧对象(Object)框的向下箭头按钮，从列表框中选择条目 Foml1(窗体对象)；从右侧列表框中选择条目 DblClick 事件，输入如下代码：

```
Private Sub Form _ DblClick()
    Form1 . Cls
End Sub
```

4．按 F5 键或选取工具栏的 ▶ ，运行程序，看看结果。

5．将鼠标移到窗体内，双击鼠标左键，看看结果如何。

6．选取工具栏的 ▪ ，结束程序运行。

7．将语句〈Print " ABC "〉改为〈Print " ABC "；" DEF "〉，运行程序，看看结果如何。

8．将步骤 7 中的";"号改为","号，运行程序，看看结果如何。

9. 将步骤 3 中的程序代码做如下修改,再运行程序,看看结果怎样。

```
Private Sub Form _ Activate()
    Print " AB ";" C ";              '按紧凑格式输出
    Print " DE "                     '换行输出
    Print " FG "
    Print
    Print " HIJ ",                   '按标准格式输出
    Print "KLM"
End Sub
```

实验内容 2

Move 方法的功能。

说明

单击窗体中的命令按钮,使它可以向右移动。

操作步骤

1. 创建一个新工程。

2. 在窗体窗口中加入一个命令按钮。

3. 打开代码窗口,输入如下代码:

```
Private Sub Command1 _ Click()
    Command1.Move Command1.Left + 200        '使 Command1 向右移动 200 缇
End Sub
```

4. 运行程序,单击命令按钮,看看命令按钮的位置有什么变化。

实验内容 3

命令按钮(CommandButton)的使用示例。

说明

程序开始运行时,窗体上的两个命令按钮,一个有效,一个无效。单击有效命令按钮后,它变成无效,而另一个变成有效。

操作步骤

1. 创建一个新工程。

2. 在窗体窗口中加入两个命令按钮。

3. 打开代码窗口,输入如下代码:

```
Private Sub Command1 _ Click()
    Command2.Enabled = True          '使 Command2 控件有效
    Command1.Enabled = False         '禁止使用 Command1 控件
End Sub

Private Sub Command2 _ Click()
```

```
            Command1.Enabled = True
            Command2.Enabled = False
       End Sub

       Private Sub Form_Load()
            Command1.Enabled = False
       End Sub
```

4．运行上面的程序，按两个命令按钮，看看有什么变化。

5．结束程序运行。单击"工程窗口"的 ▣ ，返回窗体窗口。

6．将控件 Command1 的 Caption 属性改为 Comm1，重新运行程序，结果是否一样。

7．将控件 Command2 的 Name 属性改为 Comm2，看程序能否运行。

实验内容 4

文本框(TextBox)使用示例。

说明

窗体中有两个文本框，在任何一个文本框中输入某些内容，另一个文本框中同时显示相应的内容，从而实现两个文本框的内容同步。

操作步骤

1．创建一个新工程。

2．在窗体窗口中放置两个文本框。

3．将两个文本框的 Text 属性都设置为空字符串，并将 MultiLine 属性都设置为 True。

4．打开代码窗口，输入如下代码：

```
Private Sub Text1_Change()              'Text1 中的内容发生变化时，触发此事件
     Text2.Text = Text1.Text            '使 Text2 控件与 Text1 控件的内容相同
End Sub
```

5．运行程序。分别在两个文本框中输入内容，观察有什么现象。

6．完善该程序，使两个文本框在运行时内容完全一致。

7．将刚输入的程序作如下修改：

```
Private Sub Text1_KeyPress(KeyAscii As Integer)
     Text2.Text = Text1.Text
End Sub

Private Sub Text2_KeyPress(KeyAscii As Integer)
     Text1.Text = Text2.Text
End Sub
```

8．运行程序，观察结果与刚才的结果有何区别。

实验内容 5

设计一个秒表应用程序。

说明

　　程序运行时,单击窗体中的"开始"命令按钮,显示开始的时间。单击窗体中的"停止"
命令按钮时,显示停止的时间和中间经过的时间。

操作步骤

　　1. 创建一个新工程。

　　2. 在窗体窗口中放置两个命令按钮、三个文本框和三个标签,如图 2.1 所示。

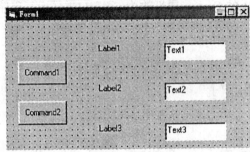

图 2.1　窗体布局

　　3. 设置各控件对象的属性值,如表 2.1 所示。

表 2.1　　　　　　　　　　　　各控件属性值设置

控件对象	属　性	设置值	控件对象	属　性	设置值
Form1	Caption	秒表	Command1	Caption	开始
	名称	Frmwatch		名称	cmdstart
Command2	Caption	停止	Text1	Text	[none]
	名称	cmdstop		名称	txtstart
Text2	Text	[none]	Text3	Text	[none]
	名称	txtstop		名称	txtelapsed
Label1	Caption	开始时间	Label2	Caption	停止时间
Label3	Caption	所用时间			

　　4. 打开代码窗口。

　　5. 按左侧对象(Object)框的向下箭头按钮,从列表框中选择条目"(通用)",输入如下
代码:

```
Dim starttime As Double                    '定义模块级变量
Dim stoptime As Double
Dim elapsedtime As Double
```

　　6. 从代码窗口的对象(Object)框和事件(Event)框中,选择相应内容,输入如下代码:

```
Private Sub cmdstart _ Click()
    starttime = Now                              '取系统当前时间,作为开始时间
    txtstart . Text = Format(starttime, " hh:mm:ss ")  '按格式在文本框中显示时间
    txtstop . Text = ""
    txtelapsed . Text = ""
```

```
    End Sub
Private Sub cmdstop _ Click( )
    stoptime = Now                          '取系统当前时间,作为结束时间
    elapsedtime = stoptime − starttime      '计算走过的时间
    txtstop.Text = Format(stoptime, " hh:mm:ss ")
    txtelapsed.Text = Format(elapsedtime, " hh:mm:ss ")
End Sub
```

7．调试并运行该程序。

8．将窗体窗口中的三个文本框控件删除,用三个标签控件代替,修改刚才的程序,重新运行。

课内思考题

1．将实验内容 1 中的语句"Form1.Cls",改为:"Cls",是否会影响程序的运行结果,为什么?

2．Print 语句中","和";"的作用是什么? 它们对其后的 Print 方法有什么影响?

3．如何使实验内容 2 中的命令按钮向下移动?

4．(名称)属性和 Caption 属性有什么区别?

5．Enabled 属性的功能是什么?

6．控件属性的设置一般有几种方法?

7．解释实验内容 4 运行时出现的现象,说明 Change 和 KeyPress 事件的区别。

8．文本框和标签两个控件的区别是什么?

9．运行实验内容 5 时。如果先按"停止"按钮,看看会出现什么情况。分析产生这一问题的原因并着手解决。

课外作业题

1．按下列步骤完成程序:

● 在窗体窗口中建立控件,如图 2.2 所示。

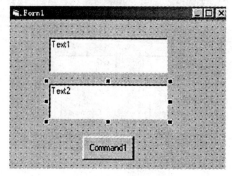

图2.2　窗体布局

● 设置各控件对象的属性值,如表 2.2 所示。

表 2.2   各控件属性值设置

控件对象	属 性	设置值
Form1	Caption	单击、双击试验
Command1	Caption	清除
Text1	Text	[none]
	名称	clicktest
	Font/size	12
Text2	Text	[none]
	名称	dbclicktest
	Font/size	12

● 打开代码窗口。
● 选择"clicktest"对象,"Click"事件,输入如下代码:

```
Private Sub clicktest _ Click()
      clicktest.Text = ″单击试验成功!″              ′在文本框中显示内容
End Sub
```

● 选择"dbclicktest"对象,"DblClick"事件,输入如下代码:

```
Private Sub dbclicktest _ DblClick()
      dbclicktest.Text = ″双击试验成功!″End Sub
```

● 选择"Command1"对象,"Click"事件,输入如下代码:

```
Private Sub Command1 _ Click()
      clicktest.Text = ″″                        ′按清除按钮,文本框为空
      dbclicktest.Text = ″″
End Sub
```

● 运行程序。单击上边的文本框,双击下边的文本框,按"清除"按钮。
● 把上面的程序编译成可执行文件。
● 退出 VB,运行刚刚编译好的程序。
2. 按下列步骤完成程序:
● 在窗体窗口中建立控件,如图 2.3 所示。

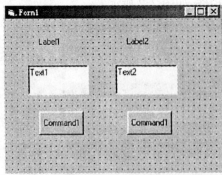

图 2.3 窗体布局

● 设置各控件对象的属性值,如表 2.3 所示。

表 2.3 各控件属性值设置

控件对象	属 性	设置值
Command1	Caption 名称	计算 cmdcalculate
Command2	Caption 名称	清除 cmdclear
Text1	Text 名称 Font/size	[none] inputdata 12
Text2	Text 名称 Font/size	[none] outputdata 12
Label1	Caption	数字
Label2	Caption	数字 * 10

● 打开代码窗口,输入如下代码:

```
Private Sub cmdcalculate _ Click()
    Dim datavar As Integer
    datavar = Val(inputdata.Text)              '将字符型数据转换成数值型数据
    outputdata.text = Str(datavar * 10)        '将数值型数据转换成字符型数据
End Sub

Private Sub cmdclear _ Click()
    inputdata.text = ""
    outputdata.text = ""
End Sub
```

● 运行程序。在左边的文本框中输入数据,单击"计算"按钮,再按"清除"按钮。

● 将上面的程序编译成可执行文件。

● 退出 VB,运行编译好的程序。

3. 设计一个简单的记事本程序,图 2.4 为运行结果画面。

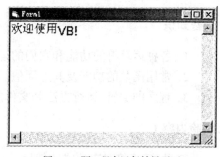

图 2.4 题 3 程序运行结果画面

程序运行时可以输入和编辑正文,并可以用标准的 Windows 快捷键 Ctrl + X、Ctrl + C 和 Ctrl + V,剪切、拷贝和粘贴正文,且正文框始终充满整个窗体(即正文框随着窗体大小的变化而改变尺寸)。(提示:用窗体的 Resize 事件。)

4. 设计一个简易的方向盘程序,使标签控件能上、下、左、右移动。图 2.5 为其运行结果画面。

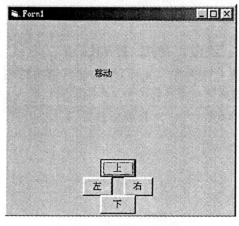

图 2.5 题 4 程序运行结果画面

按命令按钮,使"移动"标签灵活地移动。

5. 设计一个简易计算器,具有两个数相加和相减的功能。图2.6为其运行结果画面。

程序运行时,先在左边的文本框中输入数据"5.4",再在中间的文本框中输入数据"6.3",最后按"相加"命令按钮,右边的文本框中出现"11.7"的结果。相减的运行方法与此类似。

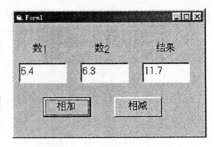

图2.6　题5程序运行结果画面

实验三　数据类型及运算

实验目的

1. 掌握变量的定义和使用。
2. 掌握运算符和表达式的用法。
3. 掌握内部函数的基本用法。

预备知识

1. 各种运算符的功能和它们的运算级别。
2. 常用函数的功能及其返回值。
3. 程序的编辑、运行方法和文件的建立、保存方法。

实验内容 1

变量、运算符和表达式的使用。

说明

演示算术运算符和关系运算符的功能。

操作步骤

1. 创建一个新工程。
2. 双击窗体或单击"工程窗口"的 ,打开代码窗口。
3. 在代码窗口中,按左侧对象(Object)框的向下箭头按钮,从列表框中选择条目 Form1(窗体对象);从右侧列表框中选择条目 Activate 事件,输入如下代码:

```
Private Sub Form _ Activate( )
    Dim a As Integer
    Dim b, c As Integer
    a = 7
    b = a + a * 2
    Print " b 的值为 "; b
    b = b + 5
    Print " b 的值为 "; b
```

```
    c = b Mod a                          '取余数
    Print " c 的值为 "; c
    c = b \ a                            '取整数
    Print " c 的值为 "; c
End Sub
```

4．按 F 5 键或选取一般工具栏的 ▶，运行程序。

5．另建一个新工程,在代码窗口中输入如下代码:

```
Private Sub Form _ Activate( )
    Dim a, b As String
    Dim c As String
    a = " 今年是 "
    b = " 2000 "
    b = a & b                            '字符串连接
    Print b + " 年 "                      '字符串连接
    c = b + " 年 " & " ! "
    Print c
End Sub
```

6．调试并运行这段程序。

7．再建一个新工程,在代码窗口中输入如下代码:

```
Private Sub Form _ Activate( )
    Dim c As Boolean                     '定义布尔型变量 c
    c = 3 > 2
    Print c
End Sub
```

8．调试并运行程序,看看有什么结果。

9．将刚才程序中变量"c"的类型"Boolean"改为"Integer",看看结果怎样?

10．将步骤 7 中程序的第四条语句改为"Print c + 2",重新操作运行程序。

实验内容 2

如何使用内部函数。

说明

演示内部函数的功能和使用方法。

操作步骤

1．创建一个新工程。

2．双击窗体或单击"工程窗口"的 ▣ 打开代码窗口。

3．在代码窗口中,按左侧对象(Object)框的向下箭头按钮,从列表框中选择条目 Form1(窗体对象);从右侧列表框中选择条目 Activate 事件,输入如下代码:

```
Private Sub Form _ Activate( )
    Dim a As Single
    Dim b As String
    a = Int(7 / 3)                       '取整数
    Print " a 的值是: "; a
```

```
        b = ″ abcdefg ″
        b = Mid$ (b, 3, 2)                    ′取子字符串
        Print ″ b 的值是：″; b
        Print ″ 字符串 b 的长度是：″; Len(b)      ′取字符串的长度
    End Sub
```

4．调试并运行程序，看看和你想像的结果是否一样。

5．将语句 "a = Int(7/3)"改为"a = Int(− 7/3)"，再试看运行结果如何。

课内思考题

1．算术运算符"Mod"和" \ "的功能是什么？

2．实验内容 2，步骤 3 中的" + "与"&"的作用是否相同？

3．在 VB 中"真值"和"假值"是如何表示的？

4．算术运算符"/"和" \ "的区别，在什么条件下所得结果相同，什么条件下不同？

课外作业题

1．求下列表达式的值，并写出计算步骤：

(1) 5 > 2 * 3 Or Not ″ a ″ = ″ A ″;

(2) 5 > 2 Or Not ″ a ″ < > ″ A ″ And 7 Mod 4 < 1;

(3) (5 > 2 Or Not ″ a ″ < > ″ A ″) And 7 Mod 4 < 1;

(4) Len(″ 12 ″) + Val(″ 12 ″);

(5) Len(″ VB 实验 2 ″)。

2．模仿实验内容 2 的方式，编写程序试验其他内部函数的用法。

实验四　程序控制结构

实验目的

1．掌握 If 语句的用法。

2．掌握 IIf 函数的用法。

3．掌握 Select 语句的用法。

4．了解 InputBox 函数和 MsgBox 过程的基本用法。

5．掌握 For 循环语句。

6．掌握 Do 循环语句。

7．了解先测试循环与后测试循环的区别和联系。

8．了解 Goto 语句。

预备知识

1．熟悉各种 If 语句的格式。

2．熟悉 Select 语句的格式。

3．了解 InputBox 函数和 MsgBox 函数的基本格式。

4．掌握 Val 函数的用途。

5．熟悉各种循环语句的格式和运行的过程。

6．Print 语句的用法。

实验内容 1

输入一个数取它的绝对值。

说明

通过 InputBox 函数，输入一个数。利用 If-Then 语句或 IIf 函数，取它的绝对值。用 MsgBox 语句输出其结果。

操作步骤

1．创建一个新工程。

2．打开代码窗口，输入如下代码：

```
Private Sub Form _ Activate( )
    Dim a As Integer
    Dim s As String
    s = InputBox(" 输入一个整数 ", " 输入数据 ")        '打开输入数据对话框
    a = Val(s)                                     '字符类型数据转换成数值类型数据
    If a < 0 Then a = - a                          '输入的数小于 0, 取负号, 变成正数
    MsgBox a, vbOKOnly, " 输出 "                    '打开输出数据对话框
End Sub
```

3．调试并运行程序。

4．将第六条 If 语句改为 a = IIf(a < 0, - a, a)。

5．重新运行程序。

6．将第六条 If 语句改为 a = IIf(a > 0, a, - a)。

7．重新运行程序。

8．将第七条语句中的"vbOKOnly"改为"vbOKCancel"。

9．重新运行，试看同刚才的程序运行结果有什么不同。

实验内容 2

输入三个数，找出其中最大的数。

说明

通过 InputBox 函数，输入三个数。利用 If-Then-Else 语句，找出其中最大的数。用 MsgBox 语句输出其结果。

操作步骤

1．创建一个新工程。

2. 打开代码窗口,输入如下代码:

```
Private Sub Form _ Activate( )
        Dim a, b, c As Integer
        Dim max As Integer
        a = Val(InputBox$ ("输入第一个数","输入数据"))      '输入数据,并把字符型数据转
        b = Val(InputBox$ ("输入第二个数","输入数据"))      '换成数值型
        c = Val(InputBox$ ("输入第三个数","输入数据"))
        If a > b Then                                    '找出 a、b 中的最大数
             max = a
        Else
             max = b
        End If
        If c > max Then                                  '找出 max、c 中的最大数
             max = c
        End If
        MsgBox max, vbOKOnly, "最大的数是"
    End Sub
```

3. 调试并运行上面的程序。

4. 将刚刚输入的程序做如下修改:

```
Private Sub Form _ Activate( )
        Dim a, b, c As Integer
        Dim max As Integer
        a = Val(InputBox$ ("输入第一个数","输入数据"))
        b = Val(InputBox$ ("输入第二个数","输入数据"))
        c = Val(InputBox$ ("输入第三个数","输入数据"))
        If a > b Then
             If a > c Then
                  max = a
             Else
                  max = c
             End If
        Else
             If b > c Then
                  max = b
             Else
                  max = c
             End If
        End If
        MsgBox max, vbOKOnly, "最大的数是"
    End Sub
```

5. 调试并运行上面的程序,比较两种格式 If 语句的使用方法。

6. 将刚刚输入的程序做如下修改:

```
Private Sub Form _ Activate( )
    Dim a, b, c As Integer
    Dim max As Integer
    a = Val(InputBox$ ("输入第一个数","输入数据"))
    b = Val(InputBox$ ("输入第二个数","输入数据"))
    c = Val(InputBox$ ("输入第三个数","输入数据"))
    If a > b Then
        If a > c Then
```

```
            max = a
        Else
            max = c
        End If
    Elseif b > c Then
            max = b
    Else
            max = c
    End If
    MsgBox max, vbOKOnly, "最大的数是"
    End Sub
```

7. 调试并运行上面的程序, 注意 If 语句格式的变化。

实验内容 3

输入百分制成绩,输出对应的学分制成绩。

说明

通过 InputBox 函数,输入一个百分制成绩,并用 Select 选择语句将其转换为学分制成绩,用 MsgBox 语句输出其结果。

操作步骤

1. 创建一个新工程。
2. 打开代码窗口,输入如下代码:

```
Private Sub Form _ Activate( )
    Dim score As Integer
    Dim grade As String
    score = Val(InputBox$ ("输入百分制成绩","输入数据"))
    Select Case score
        Case 90 To 100
            grade = " A "
        Case 80 To 89
            grade = " B "
        Case 70 To 79
            grade = " C "
        Case 60 To 69
            grade = " D "
        Case 0 To 59
            grade = " E "
    End Select
    MsgBox grade, vbOKOnly, "输出学分制成绩"
    End Sub
```

3. 调试并运行上述程序。

实验内容 4

求(1 + 2 + … + 10)的和。

说明

利用 For 和 Do 循环语句分别求 1~10 的和。

操作步骤

1. 创建一个新工程。
2. 打开代码窗口,输入如下代码:

```
Private Sub Form _ Activate()
    Dim i As Integer
    Dim sum As Integer
    For i = 1 To 10                          '循环 10 次,求和
        sum = sum + i
    Next i
    Print " 1 + 2 + ... + 10 = "; sum
End Sub
```

3. 调试并运行程序。
4. 将刚输入的代码作如下修改:

```
Private Sub Form _ Activate()
    Dim i As Integer
    Dim sum As Integer
    Do While i < = 10
      sum = sum + i
      i = i + 1                              '循环控制变量 i 加 1
    Loop
    Print " 1 + 2 + ... + 10 = "; sum
End Sub
```

5. 调试、运行程序,比较两种循环方法的区别与联系。

实验内容 5

任意输入一个正整数,判断它是否为素数。

说明

通过 InputBox 函数,输入一个正整数。利用 For 循环语句,判断它是否为素数。并且利用 Goto 语句提高程序的健壮性,即无论通过 InputBox 函数输入任何内容,程序都能正常运行。

操作步骤

1. 创建一个新工程。
2. 打开代码窗口,输入如下代码:

```
Private Sub Form _ Activate()
    Dim a As Integer
    Dim i As Integer
    a = InputBox(" 输入一个正整数 ", " 数据输入 ")
```

```
        For i = 2 To a － 1
            If a Mod i = 0 Then Exit For        '能够整除,强制退出循环
        Next i
        If i < a Then                            '根据 i 的值,判断是正常退出循环,还是强制退出循环
            Print " 不是素数 "                    '正常退出循环,说明没有被它整除的数,它是素数
        Else
            Print " 是素数 "
        End If
    End Sub
```

3. 调试并运行程序。

4. 假如在程序运行时输入“0”或字符串,看看会出现什么问题。

5. 将刚刚输入的程序作如下修改:

```
Private Sub Form _ Activate( )
Dim s As String
Dim a As Integer
Dim i As Integer
begin:                                       '重新输入数据的标号
s = InputBox(" 输入一个正整数 "," 数据输入 ")
If Not IsNumeric(s) Then Goto error          '如果不是数字,跳转执行标号 error 处开始的语句
a = Val(s)
If a < = 0 Then Goto error                    '如果不是正整数,跳转执行标号 error 处开始的语句
For i = 2 To a － 1
    If a Mod i = 0 Then Exit For              '能够整除,强制退出循环
Next i
If i < a Then                                 '根据 i 的值,判断是正常退出循环,还是强制退出循环
    Print " 不是素数 "                         '正常退出循环,说明没有被它整除的数,它是素数
Else
    Print "是素数"
End If
Exit Sub                                      '退出子过程
error:
    If MsgBox(" 请输入正整数! ", vbOKOnly + vbInformation, " Error ") = vbOK Then Goto begin
    '利用 MsgBox 函数,提示用户重新输入数据,执行标号 begin 处开始的语句
End Sub
```

6. 运行程序,看看出现的问题能否解决。

实验内容 6

打印九九乘法表。

说明

利用 For 循环语句的嵌套,在窗体中输出九九乘法表。

操作步骤

1. 创建一个新工程。

2. 打开代码窗口,输入如下代码:

```
Private Sub Form _ Activate( )
    Dim a As Integer
```

```
        Dim b As Integer
        For a = 1 To 9                        '循环嵌套,共循环 9 * 9 = 81 次
          For b = 1 To 9
            Print a; " * "; b; " = "; a * b,
          Next b
          Print
        Next a
    End Sub

    Private Sub Form _ Load( )
        Form1. WindowState = 2                '设置窗体运行时为最大窗口
    End Sub
```

3. 调试并运行程序。

4. 将第 4 行与第 5 行、第 7 行与第 9 行语句对调,重新运行程序。

实验内容 7

先测试循环与后测试循环。

说明

利用 While 循环语句,分析先测试循环与后测试循环的区别与联系。

操作步骤

1. 创建一个新工程。

2. 打开代码窗口,输入如下代码:

```
    Private Sub Form _ Activate( )
        Dim i As Integer
        i = 10                                '设 i 的初值为 10
        Do While i < = 8                      '先判断,再执行循环
          i = i + 1
        Loop
        Print " 第一次 i 值是 "; i
        i = 10                                '设 i 的初值为 10
        Do
          i = i + 1
        Loop While i < = 8                    '先执行循环,后判断
        Print " 第二次 i 值是 "; i
    End Sub
```

3. 调试并运行程序,看看运行结果。

课内思考题

1. 用 If 选择语句格式改写实验内容 3。

2. 用 Select 选择语句格式改写实验内容 2。

3. If 和 Select 语句有什么区别和联系,两种格式是否可以互换?

4. 将实验内容 4 中的程序改为 Do-Until 型循环形式。

5. 实验内容 5 中程序的第 8 行语句的作用是什么? 如果改为 if i > = a then,程序的

结果将如何变化。

6. 运行实验内容 5 时,分析输入"0"或字符串产生问题的原因。说明修改后程序的运行过程。

7. 实验内容 6 中的程序一共循环了多少次?

8. 实验内容 7 中的程序为什么两次 i 的值不一样?

9. 将实验内容 7 中的程序里面的两条语句 i = 10 改为 i = 6,运行程序,其结果将怎样变化,为什么?

课外作业题

1. 用 If 语句和 Select 语句编写一个求一元二次方程的根的程序。

2. 用 If-Then-Elseif 格式改写实验内容 3。

3. 编写一个程序,要求输入的三个数按从小到大的顺序输出。

4. 编写一个程序,要求输入一个年份号,判断它是否为闰年。

5. 利用循环语句计算 5! 。

6. 利用循环语句编写程序计算 1! + 2! + ⋯ + 5! 。

7. 编写程序求 3 ~ 100 之间的素数。

8. 编写程序求两个正整数 m、n(m > n)的最大公约数。

9. 利用循环语句设计程序,要求运行结果分别如图 4.1(a)、(b)所示。

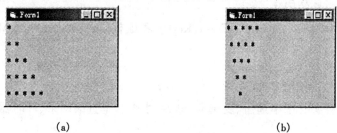

(a)   (b)

图 4.1 题 9 运行结果画面

10. 重新设计实验二中实验内容 5 的程序。要求只用一个命令按钮完成秒表的功能(窗体中只安排一个命令按钮控件)。图 4.2 为程序运行过程画面。

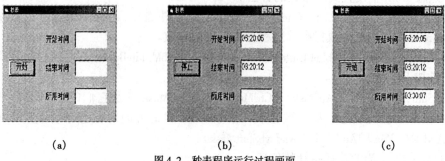

(a)   (b)   (c)

图 4.2 秒表程序运行过程画面

当程序开始运行时,画面如(a)所示。按"开始"命令按钮后,画面如(b)所示,"开始"命令按钮变成了"停止"命令按钮。按"停止"命令按钮后,画面如(c)所示,计算出所用时间,"停止"命令按钮又变成了"开始"按钮,可以重新计时。

11. 设计一应用程序,能连续不断地输入学生成绩,最后计算出及格人数、不及格人数以及总平均分数。图 4.3 为运行结果画面。

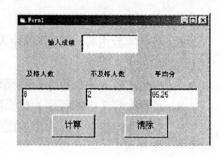

输入成绩时不用 InputBox 函数,而是在文本框中直接输入数据。每输入一个成绩后,按"Enter"键,直到不想输入成绩为止。然后按"计算"按钮,文本框中显示计算结果。(提示:用文本框的 KeyPress 事件,判断是否按下"Enter"键,确认输入一个成绩。)

图 4.3　程序运行画面

实验五　VB 常用控件

实验目的

1. 掌握 Option 控件、Check 控件和 Frame 控件的属性及使用方法。
2. 掌握水平、垂直 Scroll Bar 控件的应用。
3. 掌握 Move 方法的使用。
4. 掌握 List 控件和 Combo 控件的属性及其使用。
5. 掌握 Timer 计时器控件的应用。
6. 掌握静态变量的用法。
7. 掌握键盘操作 KeyPress、KeyDown、KeyUp 和鼠标操作 MouseDown、MouseUp、MouseMove 等。

预备知识

1. 了解本章各实验中单选钮、复选框、框架、水平和垂直滚动条、计时器等所用控件的重要属性。
2. 了解静态变量和局部变量的定义方法。
3. 了解组合框的类型及用法。
4. 熟悉 Word 中设置文本格式的方法。
5. 鼠标器除了 Click 和 DblClick 两个最常用的事件之外,还有 MouseDown、MouseUp、MouseMove 事件。这三个鼠标事件过程具有相同的参数。
   (1)Button:可以使用 vbLeftButton、vbRightButton 和 vbMiddleButton 方便地检测是哪个鼠标按钮被按下了。
   (2)Shift:可以使用 vbAltMask、vbCtrlMask 和 vbShiftMask 以及它们的逻辑组合来检测 Alt、Ctrl 和 Shift 键的状态。如果要检测 Ctrl 和 Shift 键是否同时被按下,则应用表达式(Shift And vbCtrlMask)And (Shift And vbShiftMask)。
   (3)X,Y:表示当前鼠标指针的位置。
   MouseDown 和 MouseUp 的 Button 参数的意义与 MouseMove 是不同的。对于 MouseDown 和 MouseUp 来说,Button 参数指出哪个鼠标按钮触发了事件,而对于 MouseMove 来说,它指示当前所有的状态。

6. 键盘事件有 KeyPress、KeyDown 和 KeyUp。

KeyUp 和 KeyDown 所接收到的信息与 KeyPress 接收到的不完全相同。

(1)KeyUp 和 KeyDown 能检测到 KeyPress 不能检测到的功能键、编辑键和箭头键。

(2)KeyPress 接收到的是用户通过键盘输入的 ASCII 码字符。所以,如果需要检测用户在键盘输入的是什么字符,则应选用 KeyPress 事件;如果需要检测用户所按的物理键时,则选用 KeyUp 和 KeyDown 事件。

7. 普通拖放技术。

其手工拖放与自动拖放的区别如表 5.1 所示。

表 5.1   手工拖放和自动拖放的区别

对　象	手工拖放	自动拖放
源对象	DragMode 置为 0 在 MouseDown 事件过程中 用 Drag 方法启动"拖"操作	DragMode 置为 1 没有 MouseDown 事件
中间对象	发生 DragOver 事件	发生 DragOver 事件
目标对象	发生 DragOver 事件和 DragDrop 事件	发生 DragOver 事件和 DragDrop 事件

在运行时拖放源对象并不能自动改变源对象位置,必须进行编程来重新放置控件。拖放时的图标由源对象的 DragIcon 属性决定。

实验内容 1

单选钮应用实例。利用单选钮 Option,设置标签 Label 中文本的对齐方式。

设计思路

1. 三个单选钮 Option 选中某一个,就能使在标签框 Label1 中的文本在此框中的位置是左对齐、居中或右对齐(由编程确定)。

2. 此三个单选钮必须选中某一个。

操作步骤

1. 创建一个新工程。

2. 在窗体窗口中放置三个单选钮、两个命令按钮和一个标签框。窗体布局如图 5.1 所示。

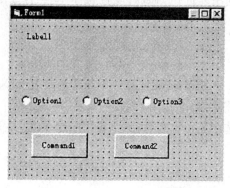

图 5.1　单选钮的应用的初始画面

3．设置各控件对象的属性值。如表 5.2 所示。

表 5.2   各控件属性值设置

控件对象	属 性	设置值
Command1	Caption	确定
Command2	Caption	退出
Option1	Caption	左对齐
Option2	Caption	居中
Option3	Caption	右对齐
Label1	Caption	热烈欢迎使用 VB6.0!
	Font/size	14

4．打开代码窗口,输入如下代码:

```
Private Sub Command1 _ Click( )
    If Option1 . Value  =  True Then          '选中 Option1 控件
        Label1 . Alignment  =  0              '设置标签中文本为左对齐方式
    End If
    If Option2 . Value  =  True Then
        Label1 . Alignment  =  2              '居中方式
    End If
    If Option3 . Value  =  True Then
        Label1 . Alignment  =  1              '右对齐方式
    End If
End Sub

Private Sub Command2 _ Click( )
    End                                       '结束程序运行
End Sub
```

5．调试并运行程序。选择某个单选钮后按"确定"按钮,看看有什么效果。

6．按"退出"按钮,结束运行。

实验内容 2

复选框应用实例。利用复选钮 Check,设置粗体字、斜体字、下划线和删除线等文本的显示效果。

设计思路

1．四个复选钮 Check 是否选中,能使在标签框 Label1 中的文本在此框中的效果是粗体字、斜体字、下划线和删除线。

2．此四个复选钮可选中某一个或某几个,也可一个不选,其 Label1 中的文本默认值为普通的宋体字。

操作步骤

1．创建一个新工程。

2．在窗体窗口中安排四个复选钮、两个命令按钮和一个标签框。窗体布局如图 5.2 所示。

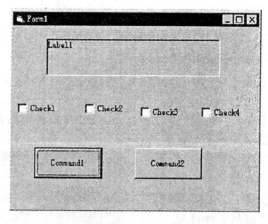

图 5.2　复选框的应用初始画面

3．按表 5.3 所示设置各控件对象的属性值。

表 5.3　　　　　　　　各控件属性值设置

控件对象	属　性	设置值
Command1	Caption	确定
Command2	Caption	退出
Check1	Caption	粗体字
Check2	Caption	斜体字
Check3	Caption	下划线
Check4	Caption	删除线
Label1	Caption	热烈欢迎使用 VB6.0!
	Font/size	14

4．打开代码窗口,输入如下代码：

```
Private Sub Command1 _ Click( )
    If Check1.Value = 1 Then        '选中 Check1 控件
        Label1.FontBold = True      '设置粗体字
    End If
    If Check2.Value = 1 Then
        Label1.FontItalic = True    '设置斜体字
    End If
    If Check3.Value = 1 Then
        Label1.FontUnderline = True '设置下划线
    End If
    If Check4.Value = 1 Then
        Label1.FontStrikethru = True '设置删除线
    End If
End Sub

Private Sub Command2 _ Click( )
    End
End Sub
```

5. 调试并运行程序。选择某些复选钮后,按确定按钮,看看有什么效果。

实验内容 3

框架、单选钮等控件的综合应用。利用框架、单选钮和文本框输入某人的基本信息,按"确定"按钮后,显示某人的基本信息。

设计思路

1. 框架的主要作用是将其他控件组合在一起,对一个窗体中的各种功能进行分类,以便于用户识别。当用框架将同一个窗体上的单选钮分组后,每一组单选按钮都是独立的,也就是说,在一组单选按钮中进行操作不会影响其他组单选按钮的选择。

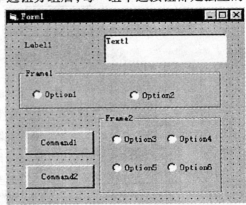

2. 框架的重要属性是 Caption。

3. 框架一般不需要编写事件过程。

操作步骤

1. 创建一个新工程。

2. 在窗体窗口中放置两个命令按钮、两个框架、六个单选钮、一个标签和一个文本框。窗体布局如图 5.3 所示。

3. 按表 5.4 所示设置各控件对象的属性值。

图 5.3 框架、单选钮及文本框的综合应用初始画面

表 5.4   各控件属性值设置

控件对象	属 性	设置值
Command1	Caption	确定
Command2	Caption	退出
Option1	Caption	男
Option2	Caption	女
Option3	Caption	高中
Option4	Caption	大专
Option5	Caption	大学
Option6	Caption	研究生
Frame1	Caption	性别
Frame2	Caption	学历
Label1	Caption	请输入姓名
	Font/size	12
Text1	Text	[none]
	Font/size	12

4.打开代码窗口,输入如下代码:

```
Dim str As String                                      '定义模块级变量
Dim str1 As String, str2 As String

Private Sub Command1 _ Click( )
    If Option3 . Value  =  True Then str2  =  Option3 . Caption
    If Option4 . Value  =  True Then str2  =  Option4 . Caption
    If Option5 . Value  =  True Then str2  =  Option5 . Caption
    If Option6 . Value  =  True Then str2  =  Option6 . Caption
    str  =  Text1 . Text & " : " & str1 & " , " & str2        '字符串连接
    MsgBox str                                          '显示输入的信息
End Sub

Private Sub Command2 _ Click( )
    End
End Sub

Private Sub Option1 _ Click( )
    str1  =  Option1 . Caption
End Sub

Private Sub Option2 _ Click( )
    str1  =  Option2 . Caption
End Sub
```

5.调试并运行程序。多选几种组合看看运行结果。

实验内容4

列表框应用实例。在列表框中选中一项或多项内容,移到另一个列表框中。

设计思路

1.首先,在左边列表框 List1 中,放入全部体育项目。

2.然后,在 List1 中,点击喜爱的体育项目,按 Command1 按钮,将喜爱的体育项目移到右边的 List2 列表框中,则 List2 列表框中列出了一些喜爱的体育项目。

3.一旦发现哪个选错了,也可在右边列表框中,再次选中,单击 Command2 命令按钮,将其移至到左边列表框中,表示不是喜爱的体育项目。

操作步骤

1.创建一个新工程。

2.在窗体窗口中放置两个列表框、两个命令按钮和两个标签。窗体布局如图 5.4 所示。

3.设置各控件对象的属性值。如表 5.5 所示。

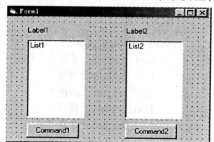

图5.4 列表框等的应用初始画面

表5.5   各控件属性值设置

控件对象	属　　性	设置值	控件对象	属　　性	设置值
List1	MultiSelect	1	List2	MultiSelect	1
Command1	Caption	移到右边	Command2	Caption	移到左边
Label1	Caption	许多体育项目	Lable2	Caption	喜爱的体育项目

4.打开代码窗口,输入如下代码:

```
Private Sub Command1 _ Click( )
    Dim i As Integer
    For i = 0 To List1.ListCount - 1          '列表框中第一项用0表示
        If List1.Selected(i) = True Then       '列表框 List1 中第 i 项选中
            List2.AddItem List1.List(i)         '选中的项移到列表框 List2 中
            List1.RemoveItem i                  '删除列表框 List1 中选中的项
            i = i - 1                           '删除一项之后,i 减1
        End If
        If i > = List1.ListCount - 1 Then       '是列表框中最后一项
            Exit For                            '退出循环
        End If
    Next i
End Sub

Private Sub Command2 _ Click( )
    Dim i As Integer
    For i = 0 To List2.ListCount - 1
        If List2.Selected(i) = True Then
            List1.AddItem List2.List(i)
            List2.RemoveItem i
            i = i - 1
        End If
        If i > = List2.ListCount - 1 Then
            Exit For
        End If
    Next i
End Sub

Private Sub Form _ Load( )
    List1.AddItem " 足球 "                      '初始化列表框 List1 控件
    List1.AddItem " 排球 "
    List1.AddItem " 游泳 "
    List1.AddItem " 篮球 "
    List1.AddItem " 登山 "
    List1.AddItem " 射箭 "
    List1.AddItem " 滑冰 "
    List1.AddItem " 田径 "
End Sub
```

5.调试并运行程序。

实验内容5

计时器、滚动条及文本框的综合应用实例。利用计时器控件,使滚动条的滑块左右运动。

设计思路

1. 时钟控件特有的常用属性是 Interval,它的值以 0.001 秒为单位。

2. 时钟控件的 Enabled 属性与其他控件是不同的,当时钟控件的 Enabled 属性为 True 时,Timer 事件以 Interval 属性值毫秒间隔发生。如果将时钟控件的 Enabled 属性设为 False 或 Interval属性设为 0 时,计时器停止运行,则 Timer 事件不会发生。

3. Timer 是时钟控件的惟一事件。

操作步骤

1. 创建一个新工程。

2. 在窗体窗口中放置一个计时器、一个水平滚动条和一个文本框,窗体布局如图 5.5 所示。

3. 将计时器的 Interval 属性设置为 1000,水平滚动条的 Max 属性设置为 30,文本框的 Text 属性设置为空字符串。

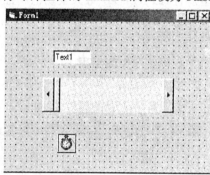

图 5.5　水平滚动条、计时器及文本框的综合应用初始画面

4. 打开代码窗口,输入如下代码:

```
Private Sub Hscroll1 _ Change( )
    Text1.Text = Hscroll1.Value                    '在文本框中显示滚动条的当前值
End Sub

Private Sub Timer1 _ Timer( )                       '定时开关,滑块移动
    Static left _ move As Boolean                   '移动开关变量,False 右移,True 左移
    If left _ move = False Then
        Hscroll1.Value = Hscroll1.Value + 1         '滑块位置加 1
        If Hscroll1.Value = 30 Then                 '滑块移动到最右端
            left _ move = True                      '滑块向左移动
            Exit Sub                                '退出子过程
        End If
    End If
    If left _ move = True Then
        Hscroll1.Value = Hscroll1.Value - 1         '滑块位置减 1
        If Hscroll1.Value = 0 Then                  '滑块移动到最左端
            left _ move = False
            Exit Sub
        End If
    End If
End Sub
```

5. 调试并运行程序。若不设水平滚动条的 Max 属性值(取默认值),则运行结果如何?

实验内容 6

滚动条与文本框的综合应用。利用竖直滚动条设置文本框中文字的大小。

设计思路

1.滚动条的两个重要事件是 Scroll 和 Change,它拖动滑块时会触发 Scroll 事件,而当改变 Value 属性(滚动条内滑块位置改变)会触发 Change 事件。

2.滚动条有几个重要属性是 Max 最大值属性、Min 最小值属性、SmallChange 最小变动值属性、LargeChange 最大变动值属性和 Value 值属性(也是默认属性)。

操作步骤

1.创建一个新工程。

2.在窗体窗口中放置一个竖直滚动条、一个文本框和两个标签,如图 5.6 所示。

3.设置各对象的属性值,如表 5.6 所示。

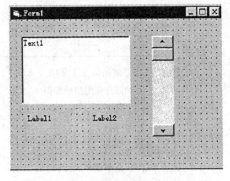

图 5.6　垂直滚动条应用初始画面

表 5.6　　　　　各控件属性值设置

控件对象	属　性	设置值
VScroll1	Min	8
	Max	32
Text1	Text	变
Label1	Caption	字体大小
Lable2	Caption	[none]

4.打开代码窗口,输入如下代码:

```
Private Sub VScroll1 _ Change( )
    Label2. Caption = VScroll1. Value
    Text1. FontSize = VScroll1. Value
End Sub
```

5.调试并运行程序。在竖直滚动条上拖动滑块,单击箭头,看看有什么结果。

6.在刚才的程序中,添加如下代码:

```
Private Sub VScroll1 _ Scroll( )
    Label2. Caption = VScroll1. Value
    Text1. FontSize = VScroll1. Value
End Sub
```

7.重新运行程序。在竖直滚动条上拖动滑块,单击箭头,看看有什么结果。

实验内容 7

组合框应用实例。利用组合框,设置文本框中的文字的字体。

设计思路

1. 组合框是组合了文本框和列表框的特性而形成的一种控件。

2. 下拉式组合框(Style 为 0)和简单组合框(Style 为 1)允许用户在文本框中输入不属于列表框内的选项。

操作步骤

1. 创建一个新工程。

2. 在窗体窗口中放置一个文本框、一个组合框和两个标签,窗体布局如图 5.7 所示。

3. 设置各控件对象的属性值,如表 5.7 所示。

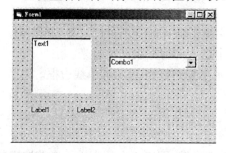

图 5.7 组合框等的应用初始画面

表 5.7 各控件属性值设置

控件对象	属 性	设置值
Combo1	Style	2
	Font/size	12
Text1	Text	文字变化
	Font/size	36
Label1	Caption	字体类型
Lable2	Caption	[none]

4. 打开代码窗口,输入如下代码:

```
Private Sub Combo1 _ Click( )
    Dim str As String
    Select Case Combo1 . ListIndex            '选中组合框中某一项
    Case 0
        Text1.FontName = "楷体_ GB2312"        '文本框中字体为楷体
    Case 1
        Text1.FontName = "宋体"
    Case 2
        Text1.FontName = "仿宋_ GB2312"
    Case 3
        Text1.FontName = "黑体"
    End Select
    Label2 . Caption = Text1 . FontName
End Sub

Private Sub Form _ Load( )
    Combo1.AddItem "楷体_ GB2312"              '初始化组合框 Combo1 控件
    Combo1.AddItem "宋体"
    Combo1.AddItem "仿宋_ GB2312"
    Combo1.AddItem "黑体"
    Combo1.Text = "楷体_ GB2312"
End Sub
```

5. 调试并运行程序。从组合框中选择字体类型,看看有什么结果。

6. 将组合框的 Style 属性改为"1",在窗体窗口改变组合列表框的大小。

7. 重新运行程序,看看有什么不同。

实验内容 8

键盘 KeyDown 和 KeyUp 事件的应用。设计一个图片框,其中放入一个小鸽子。通过按键盘的方向键,来控制小鸽子飞(移动)的方向。如图 5.8 所示。

设计思路

1. KeyDown 动作:按下键盘按键不放,就会触动 KeyDown 事件。

2. KeyUp 动作:和 KeyDown 动作相反,放开已按下键,就会触动 KeyUp 事件。

3. 如果输入一个字符,则三个事件的发生顺序为 KeyDown 事件,接着为 KeyPress 事件,最后是 KeyUp 事件。

4. KeyCode:为键盘的扫描码。如:←、↑、→、↓键的扫描码分别是:37、38、39 和 40。

5. Picture1 图片框中的图片可以直接将 Word 中插入的剪贴画粘贴过来。

6. 图片框的 BorderStyle 属性有两项选择:0 表示不加边框;1 表示加单线边框。

操作步骤

1. 当程序启动后,画面如图 5.8 所示。

2. 按住键盘上的←、↑、→、↓键中的任何一个方向键,图 5.8 中的小鸽子会随按键的方向移动。

3. 例如图 5.9 是按住键盘键→,图片向右移动的情形,并且将参数 KeyCode 和 Shift 返回值显示出来。

图 5.8　键盘事件应用程序启动后的初始画面　　　图 5.9　键盘事件应用程序运行结果

4. 若放开按下的方向键,则小鸽子会立即返回起始位置。

5. 设置各对象的属性值,如表 5.8 所示。

表 5.8　　　　　　　　　　　　各控件的属性设置

控件对象	Name (名称)	Caption(标题)	Picture(图形)	Font (字号)	BorderStyle
Form1	键盘事件操作	键盘事件操作	—	(默认值)	(默认值)
Picture1	Picture1	—	Word 剪贴画	(默认值)	0
Command1	Command1	结束	—	12	—

6. 程序代码编写如下:

```
Const key _ up = 38                                      '向上
Const key _ down = 40                                    '向下
Const key _ right = 39                                   '向右
Const key _ left = 37                                    '向左
Dim pic _ x                                              'pictrue1 的左上角 X 坐标
Dim pic _ y                                              'pictrue1 的左上角 Y 坐标

Private Sub Command1 _ Click( )
  End
End Sub

Private Sub Form _ Load( )
  pic _ x = Picture1.Left                                '记录 pictrue1 的 X 坐标
  pic _ y = Picture1.Top                                 '记录 pictrue1 的 Y 坐标
End Sub

Private Sub Picture1 _ KeyDown(KeyCode As Integer, Shift As Integer)
  Cls
  Print " keycode: "; KeyCode, " shift: "; Shift
  Select Case KeyCode
  Case key _ up
    Picture1.Top = Picture1.Top - 100                    '向上移动
  Case key _ down
    Picture1.Top = Picture1.Top + 100                    '向下移动
  Case key _ right
    Picture1.Left = Picture1.Left + 100                  '向右移动
  Case key _ left
    Picture1.Left = Picture1.Left - 100                  '向左移动
  End Select
End Sub

Private Sub Picture1 _ KeyUp(KeyCode As Integer, Shift As Integer) 'picture1 归位
  Picture1.Top = pic _ y
  Picture1.Left = pic _ x
End Sub
```

7. 调试并运行程序。运行结果如图 5.9 所示。

8. 请考虑:此程序的 1~6 行是不是必须放在[通用]、[声明]区中定义?

9. 再考虑:本程序若取消掉 picture1 的 KeyUp 事件,则小鸽子移到某个位置后,是停在那里,还是反弹回原位? 为什么?

10. 小鸽子是不是可以飞到窗体的其他地方?

实验内容9

测试 MouseDown、MouseUp 和 Click 事件发生次序。

设计思路

本程序是要求在窗体上单击鼠标,查看各事件的发生先后顺序。

操作步骤

1.程序代码如下：

```
Private Sub Form _ Click()
    Print " click "
End Sub

Private Sub Form _ MouseDown(Button As Integer, Shift
    As Integer, X As Single, Y As Single)
    Print " MouseDown "
End Sub

Private Sub Form _ MouseUp(Button As Integer, Shift As
    Integer, X As Single, Y As Single)
    Print " MouseUp "
End Sub
```

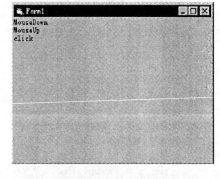

图 5.10　单击窗体鼠标事件程序运行结果

2.调试并运行程序。单击窗体一次的运行结果如图 5.10 所示。

实验内容 10

MouseDown、MouseUp、MouseMove 事件的应用。利用鼠标当作一支画笔在窗体内写字，如图 5.11 所示。

设计思路

1.程序启动后只要按住鼠标任一键不放并拖动鼠标，就能在窗体上画线、写字。

2.放开按键移动鼠标时犹如提起笔，不写字。

图 5.11　鼠标事件的应用

3.按住鼠标任一键不放拖动鼠标写字时，若再同时按下键盘之"Shift"、"Ctrl"或"Alt"键，则会出现不同宽度的字迹：

(1)若按"Shift"键或没按此三键，则字距为 1 倍宽度(默认值)。

(2)若按"Ctrl"键，则字距为 2 倍宽度。

(3)若按"Alt"键，则字距为 3 倍宽度。

操作步骤

1.draw _ start = True 时，鼠标指针移动字时，有字迹出现；draw _ start = false 时，鼠标指针移动字时，无字迹出现。

2.不管有无按键，只要有移动鼠标都会触动 Form _ MouseMove 事件。

3.须触动 Form _ MouseDown 事件才能使 Draw _ start = True。

4.程序代码编写如下：

```
Dim Draw _ start                        '记录是否可写字
Dim Start _ x                           '起点 X 坐标
Dim Start _ y                           '起点 Y 坐标
```

```
Private Sub Command1 _ Click( )
    End
End Sub
Private Sub Form _ Load( )
    Draw _ start = False
End Sub

Private Sub Form _ MouseDown(Button As Integer, Shift As Integer, X As Single, Y As Single)
    Draw _ start = True
End Sub

Private Sub Form _ MouseMove(Button As Integer, Shift As Integer, X As Single, Y As Single)
If Draw _ start = True Then
    If Shift = 1 Or Shift = 0 Then DrawWidth = 1          '按 Shift 键
    If Shift = 2 Then DrawWidth = 2                       '按 Ctrl 键'
    If Shift = 4 Then DrawWidth = 3                       '按 Alt 键
    Line (start _ x, start _ y) – (X, Y)                  '写字
End If
Start _ x = X                                            '转换起点 X 坐标
Start _ y = Y                                            '转换起点 Y 坐标
End Sub

Private Sub Form _ MouseUp(Button As Integer, Shift As Integer, X As Single, Y As Single)
    draw _ start = False
End Sub
```

5.调试并运行程序。在窗体上写出"马到成功"四个字,在右手按鼠标写字的同时,左手分别配合按:Shift 键、Ctrl 键、Alt 键和不按任何键(即为默认状态)。结果如图 5.11 所示。

难点分析

1.MouseDown、MouseUp 和 Click 事件发生的次序是:

当用户在窗体或控件上按下鼠标按钮时 MouseDown 事件被触发,MouseDown 事件肯定发生在 MouseUp 和 Click 事件之前。但是,MouseUp 和 Click 事件发生的次序与单击的对象有关。

当用户在标签、文本框或窗体上作单击时,其顺序为:

(1)MouseDown

(2)MouseUp

(3)Click

当用户在命令按钮上作单击时,其顺序为:

(1)MouseDown

(2)Click

(3)MouseUp

当用户在标签或文本框上作双击时,其顺序为:

(1)MouseDown

(2)MouseUp

(3)Click

(4)DblClick

(5)MouseUp

课内思考题

1.单选钮和复选钮有什么区别?

2.Frame 的作用是什么? 如何在框架中建立控件?

3.将[实验内容4]程序中的语句"i = i − 1"去掉,重新运行程序,看看结果如何,为什么?

4.将[实验内容4]程序中的 FOR 循环改为 DO-While 型循环。

5.[实验内容5]程序中的变量 left_move 为什么用 Static 声明,不用 Dim 声明。

6.[实验内容5]程序中的语句 Exit Sub 的作用是什么? 将它去掉,看看运行结果如何。

7.滚动条控件的 Scroll 和 Change 事件有什么区别?

课外作业题

1.将[实验内容1]和[实验内容2]结合起来。编制一个程序,可以设置字体的大小、对齐方式和显示效果。

2.利用单选纽,显示和隐藏背景图像。图5.12 和图5.13 为程序运行画面。可自画一个.bmp 扩展名的位图作为窗体的背景。

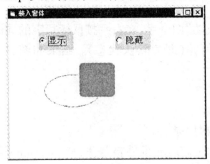
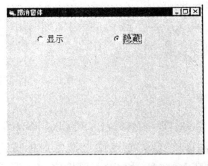

图 5.12　显示背景图像应用实例　　　　图 5.13　隐藏背景图像应用实例

3.进一步完善[实验内容4]。当程序运行时可以向列表框中添加新的体育项目,也可以删除列表框中选中的体育项目。

4.利用滚动条动态设置文本框的前景和背景颜色(用 RGB 函数)。窗体设计如图5.14所示:运行时点击左边三个水平滚动条中的任何一个,文本框中文字的颜色发生变化;点击右边三个水平滚动条中的任何一个,文本框中背景颜色发生变化。

5.用组合框完成[实验内容6]改变文本框中文字的字体大小(8~72 号)的功能。要求:组合框中只添加"8、10、12、14、16"等项内容。(提示:组合框的属性 Style 设置为0)。

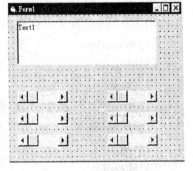

图 5.14　多个水平滚动条
应用的窗体布局

6.总结三种类型组合框的区别。

实验六　VB 数组的应用

实验目的

1.掌握静态数组的定义及使用方法。
2.掌握动态数组的定义及使用方法。
3.掌握控件数组的使用技巧。

预备知识

1.固定数组及动态数组的声明及数组元素的引用方法。
2.Do While ... Loop 及 For ... Next 循环控制语句及 Print 语句和数组的配合使用。
3.杨辉三角形的数学定义。
4.控件数组概念及基本使用方法。

实验内容 1

静态数组的实验程序。连续单击三次窗体,将静态数组的运行结果显示出来。

设计思路

1.用 Static 声明一个静态数组。
2.数组初始值默认为 x (1) = 0 , x (2) = 0 , x (3) = 0 , x (4) = 0。
3.用 Static 声明的 x 数组 , 在每次单击窗体时,x 数组元素仍保留上次的值。
4.将三次单击窗体的运行结果输出到屏幕。

操作步骤

1.程序代码编写如下 :

```
Private Sub Form _ Click()
    Static x(4) As Integer
    For i = 1 To 4
        x(i) = x(i) + i * 3
    Next i
    Print
    For i = 1 To 4
        Print " x( "; i; " ) = "; x(i)
    Next i
End Sub
```

2.该程序的三次运行结果如图6.1所示。

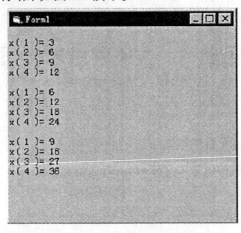

图6.1　程序运行三次的结果窗口

3.请将第二行的 Static 改成 Dim 后,试一试将此程序仍运行三次的结果。谈谈两种运行结果不同的原因所在?

实验内容 2

静态(固定大小)数组的实验程序。从键盘接收 10 个数,用冒泡算法对其进行由小到大排序。

设计思路

1.定义一个单精度且具有 10 个元素的数组,用来存放输入的数据。

2.用 Do While … Loop 循环完成数据的输入。

3.用冒泡法完成对 10 个数据的排序。

4.将排序结果输出到屏幕。

操作步骤

1.建立新工程,并从"工程资源管理器"中移去缺省建立的窗体 Form1。

2.打开"工程"菜单,选择"添加模块"命令,为工程添加名为 Module1 的模块。

3.打开"工程属性"窗口,将启动对象设置为"Sub Main"。

4.在"工具"菜单中选择"添加过程"命令,在模块中建立共有的子程序 Main,如图 6.2 所示。

5.在子程序 Main 中编写如下代码。

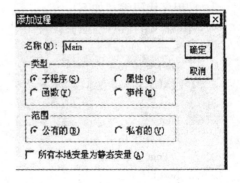

图6.2

```
Public Sub main()
    Dim InPut _ Data(1 To 10) As Single          '定义 10 个单精度变量
    Dim i As Integer, j As Integer               '定义两个循环变量
    Dim Str As String
    Dim Temp As Single
    i = 1
    Do While i < = 10                            '输入 10 个数
        Str = InputBox("请输入 10 个数字：")
        If IsNumeric(Str) Then                   '如果输入的是数字,则保存输入值
            InPut _ Data(i) = CSng(Str)          '将字符串类型转为单精度类型数据
            i = i + 1                            '循环变量加 1
        End If
    Loop
    For i = 1 To 9                               '冒泡法排序代码
        For j = 1 To 10 − i
            If InPut _ Data(j) > InPut _ Data(j + 1) Then
                Temp = InPut _ Data(j)
                InPut _ Data(j) = InPut _ Data(j + 1)
                InPut _ Data(j + 1) = Temp
            End If
        Next
    Next
    Str = InPut _ Data(1)
    For i = 2 To 10                              '将排序好的数字变成一个字符串
        Str = Str & " " & InPut _ Data(i)
    Next
    MsgBox Str                                   '显示排序结果
End Sub
```

6.运行程序,输入 10 个数据,分析排序结果。

实验内容 3

动态数组实验程序。输出大小可变的正方形图案,如图 6.3 所示。

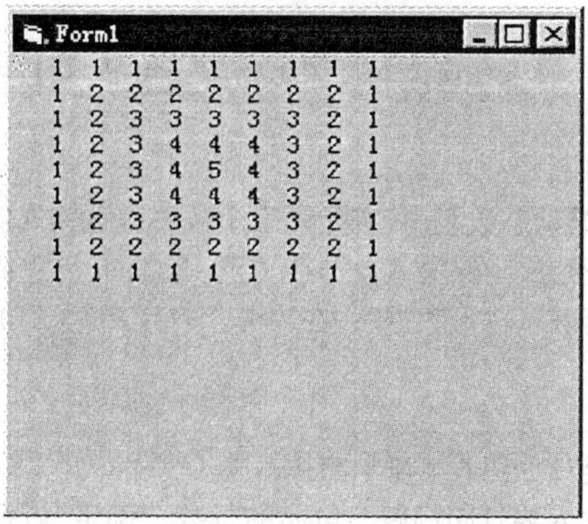

图 6.3　输出大小可变的正方形图案

设计思路

1.最外层是第一层,要求每一层上用的数字与层数相同。

2.此实验中的动态数组,在 Dim 声明时,不要声明数组的大小和维数,在以后的程序中可以用 ReDim 语句重新声明数组的维数和大小,ReDim 语句中的下标可以出现赋了值的变量。

操作步骤

1.程序代码编写:

```
Option Base 1
Private Sub Form _ Click( )
Dim a( )
n = InputBox(″ 输入 n″)                    '本例 n = 9
ReDim a(n, n)
For i = 1 To (n + 1) \ 2
  For j = i To n - i + 1                    '每一层图案上要显示的数字
    For k = i To n - i + 1                  '从外到里用数组中元素存放对应的数字
      a(j, k) = i
    Next k
  Next j
Next i
For i = 1 To n
  For j = 1 To n
    Print Tab(j * 3); a(i, j);
  Next j
  Print
Next i
End Sub
```

2.调试并运行程序。本实验中当 n = 9 时的运行结果如图 6.3 所示。再将 n 设成其他值,看看运行结果如何?

实验内容 4

动态数组实验程序。要求在窗体上打印出杨辉三角形,其打印行数由键盘输入。

设计思路

1.定义一个整型二维动态数组,其实际元素个数由键盘输入。

2.对输入数据进行检查,确保输入数据在 1 至 15 之间,以免溢出。

3.编写程序代码,当确认输入数据后,在窗体上打印杨辉三角形。

操作步骤

1.建立新工程,并设计如图 6.4 所示窗体。

图中,文本框用来输入要打印杨辉三角形的行数;“确定”按钮执行具体打印操作;窗体左侧的数字为打印的杨辉三角形实例。

2.为“确定”按钮编写如下代码:

```
Private Sub Command1 _ Click()
    Dim Row _ Num() As Integer              '定义整型动态数组
    Dim i As Integer, j As Integer          '定义循环变量
    Dim Num As Integer
    Cls                                     '清空窗体内容
    Num = Val(Text1.Text) + 1
    If Num > = 16 Then                      '对输入数据进行检查(必须小于等于15)
        Text1.Text = ""
        Exit Sub
    End If
    ReDim Row _ Num(1 To Num, 1 To Num)     '根据输入值重新确定数组维数及大小
```

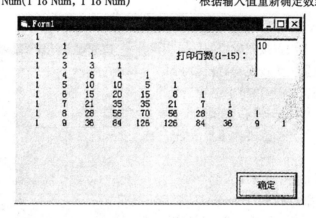

图 6.4　杨辉三角输出窗口

下面是具体打印杨辉三角形的代码

```
For i = 1 To Num - 1                        '将第一列及对角元素置1
    Row _ Num(i, i) = 1
    Row _ Num(i, 1) = 1
Next
For i = 3 To Num - 1                        '计算其他元素值
    For j = 2 To i - 1
        Row _ Num(i, j) = Row _ Num(i - 1, j - 1) + Row _ Num(i - 1, j)
    Next
Next
For i = 1 To Num - 1                        '打印杨辉三角形
    For j = 1 To i
        Print Spc (5 - Len(Str(Row _ Num(i, j)))); Row _ Num(i, j);    '每一个元素占5位
    Next
    Print                                   '换行
Next
End Sub
```

3.调试并运行程序,观察输出结果如图 6.4 所示。如果每一个元素所占的位数是 4 位或 6 位,程序应做何改动?

实验内容 5

控件数组实验程序。要求利用控件数组技术,设计一个只有整数加法运算能力的简单计算器。

设计思路

1. 用标签控件显示输入数据和相加结果。

2. 利用具有十个元素的按钮控件数组输入 0 到 9 数字。

3. 用一个按钮控件输入" + "号。

4. 在" = "按钮的单击事件中完成加法运算。

操作步骤

1. 新建工程，设计如图 6.5 所示窗体：

下面是在窗体上放置按钮数组的具体步骤：

● 在窗体上放置一个按钮，调整其大小。

● 选择该按钮，在编辑菜单中选择"复制"。

● 在"编辑"菜单中选择"粘帖"命令。

● 出现询问是否建立控件数组对话框时，选择"是"按钮。

● 反复"粘帖"命令，直到建立十个按钮。

2. 再建两个命令按钮 Command2 和 Command3，分别设其 Caption 属性为" + "号和" = "号。

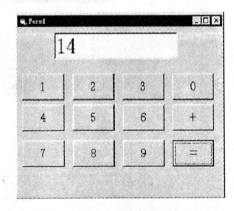

图 6.5　计算器窗体

3. 程序代码编写如下：

(1) 为数字按钮编写代码。双击任一数字按钮，进入代码编辑窗口，输入如下代码：

```
Private Sub Command1 _ Click(Index As Integer)
                '将文本框当前内容与按钮控件数组 Index 属性合并在一起。并赋给文本框。
    Text1 . Text = Text1 . Text & Index
End Sub
```

其中 Index 为软件运行时，按钮控件数组中被单击的按钮的 Index 属性值，通过 Index 值就可以知道输入的数字。

各控件对象属性值的设置如表 6.1 所示。

表 6.1　　　　　　　　　　　　各控件属性值设置

控件对象	属 性	属性值	控件对象	属 性	属性值
Command(0)	Name	Command1	Command(6)	Name	Command1
	Caption	0		Caption	6
	Index	0		Index	6
	Font/size	16		Font/size	16
Command(1)	Name	Command1	Command(7)	Name	Command1
	Caption	1		Caption	7
	Index	1		Index	7
	Font/size	16		Font/size	16

（续表）

控件对象	属 性	属性值	控件对象	属 性	属性值
Command(2)	Name	Command1	Command(8)	Name	Command1
	Caption	2		Caption	8
	Index	2		Index	8
	Font/size	16		Font/size	16
Command(3)	Name	Command1	Command(9)	Name	Command1
	Caption	3		Caption	9
	Index	3		Index	9
	Font/size	16		Font/size	16
Command(4)	Name	Command1	文本框	Name	Text1
	Caption	4		Font/size	22
	Index	4	Command2	Name	Command2
	Font/size	16		Caption	+
Command(5)	Name	Command1		Font/size	20
	Caption	5	Command3	Name	Command3
	Index	5		Caption	=
	Font/size	16		Font/size	20

（2）为"＋"及"＝"按钮编写代码

```
Dim Data _ One As Long                        '定义窗体级变量,存放被加数
Private Sub Command2 _ Click()                '"＋"按钮处理代码
    Data _ One = Val(Text1.Text)              '保存输入的被加数
    Text1.Text = ""                           '清空文本框
End Sub

Private Sub Command3 _ Click()                '"＝"按钮处理代码
    If Text1.Text = "" Then
        Text1.Text = Data _ One               '如果没有加数,则输出被加数
    Else
        Text1.Text = Data _ One + Val(Text1.Text)   '输出相加和
    End If
End Sub
```

4.调试并运行程序。此题最终显示的是6＋8的结果。

实验内容6

VB 数组及控件数组的实验程序。建一个包含姓名、身高和籍贯的学生档案,能求学生的平均身高并查询学生的籍贯,为简单起见,设有5名学生,籍贯用单选钮实现。

设计思路

1.打开一个新工程,在窗体中加入一个文本框、两个按钮、一个框架,在框架中加入10个单选钮后,将所有单选钮的 Name 属性都改为 Option1 创建的控件数组。

2.框架中的10个单选钮是数组控件。

3.分别设定 Command1 按钮的 Caption 属性为"平均身高";Command2 按钮的 Caption 属

性为"查询籍贯"。

操作步骤

1.各控件属性值定义如表6.2所示。以下所有文字的大小均为"小四"字号。

表 6.2   各控件属性值

控 件	属 性	属性值	控 件	属 性	属性值
Option1	Caption	辽宁省	Option7	Caption	福建省
	Name	Caption1(0)		Name	Caption1(6)
	Index	0		Index	6
Option2	Caption	山东省	Option8	Caption	广东省
	Name	Caption1(1)		Name	Caption1(7)
	Index	1		Index	7
Option3	Caption	上海	Option9	Caption	湖北省
	Name	Caption1(2)		Name	Caption1(8)
	Index	2		Index	8
Option4	Caption	天津	Option10	Caption	其他省
	Name	Caption1(3)		Name	Caption1(9)
	Index	3		Index	9
Option5	Caption	北京	Text1	Caption	空
	Name	Caption1(4)		Name	Text1
	Index	4	Command1	Caption	平均身高
Option6	Caption	浙江省		Name	Command1
	Name	Caption1(5)	Command2	Caption	查询籍贯
	Index	5		Name	Command2

界面如图6.6所示。

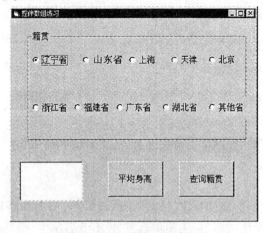

图 6.6 控件数组应用实例

2.在"工程"菜单中选"增加模块"命令在弹出的代码窗口中定义自定义数据类型及全局变量如下：

```
Global Const stno = 5                      '定义学生数
Type student                               '自定义学生数据类型
Name As String
Height As Single
```

```
        Home As String
        End Type
```

3.打开代码窗口,编写代码如下:

```
    Dim st(4) As student                                    '在 general 中定义模块级变量,学生数组
    Dim a As Integer                                        '数组的索引号变量

    Private Sub Command1 _ Click( )                         '计算平均身高
      Dim b As Integer, total As Single
      total = 0
      For b = 0 To stno − 1                                 '求总身高
          total = total + st(b).Height
      Next b
      Text1.Text = Str$ (total / stno)                      '文本框中显示平均身高
    End Sub

    Private Sub Command2 _ Click( )                         '查询籍贯
      Dim name1 As String
      Text1.Text = ""
      name1 = InputBox(" 姓名:")                             '输入查询的姓名
      For d = 0 To stno − 1
        If Ltrim(Rtrim(st(d).Name)) = Ltrim(Rtrim(name1)) Then '去掉两边的空格后比较
          Text1.Text = st(d).Home                           '在文本框中显示查询的籍贯
          Exit For                                          '如果查到就退出计数循环
        End If
      Next d
    End Sub

    Private Sub Form _ load( )                              '变量初始化
        a = 0
    End Sub

    Private Sub Option1 _ Click(index As Integer)          '籍贯控件数组单击事件
      st(a).Home = Option1(index).Caption                  '将选中的籍贯赋予 st(a).home
      a = a + 1                                             '一个学生的数据输完,索引号加 1
    End Sub

    Private Sub Text1 _ KeyPress(keyascii As Integer)      '输入学生档案数据
    Static c As Integer                                    'c 为输入次数静态变量
    If keyascii = 13 Then                                  '如果回车表示一个数据输完
      c = c + 1
      If c > stno * 2 Then                                 '5 个学生,每个学生输入姓名和籍贯
        MsgBox "数据输完!"
        Text1.Text = ""                                    '数据输完,文本框清空
        Exit Sub
        Else
        If c Mod 2 = 1 Then                                '单数输入的数据为姓名
          st(a).Name = Text1.Text
        Else
          st(a).Height = Val(Text1.Text)                   '双数输入的数据为身高
        End If
      End If
      Text1.Text = ""                                      '输完一个数据,文本框清空
    End If
    End Sub
```

实验内容7

利用 VB 数组,进行二分法查找。有五个人的基本信息已知(即:姓名和所在城市),先将数据进行排序,再利用二分查询法,以姓名当作键值,来寻找此人所在的城市名称。

设计思路

"二分查询法"比"线性查询法"的效率高,但是数据必须要先排好序才有效。若有 N 个数据,使用二分查询法平均要作 $\log_2 N + 1$ 次比较。

操作步骤

1.将排好序的数据放入数组 a(1) ~ a(5)中。

2.找出位在中间的数据的下标($5/2 = 2.5 \approx 3$),即 a(3)。

3.将 a(3)和要查询的数据相比较:

(1)若内容相同表示已找到;

(2)当内容不同时:

①若查询的数据大于 a(3),表示数据在 a(4) ~ a(5)之间,则下一次循环由 a(4) ~ a(5)中找到;

②若查询的数据小于 a(3),表示数据在 a(1) ~ a(2)之间,下一次循环由 a(1) ~ a(2)中查询;

③以此类推。若有 N 个数据,则需比较 $\log_2 (N + 1)$ 次才能确定是否找到。

4.程序代码编写如下:

```
Dim p _ name(10) As String
Dim p _ city(10) As String
Dim tot As Integer
Private Sub Form _ Activate( )
tot = 5
p _ name(1) = ″张德″: p _ city(1) = ″北京″
p _ name(2) = ″王五″: p _ city(2) = ″天津″
p _ name(3) = ″杨武″: p _ city(3) = ″沈阳″
p _ name(4) = ″小黄″: p _ city(4) = ″大连″
p _ name(5) = ″李四″: p _ city(5) = ″鞍山″
For I = tot − 1 To 1 Step − 1                    '冒泡排序法
  For j = 1 To I
    If p _ name(j) > p _ name(j + 1) Then
      t _ name = p _ name(j)
      p _ name(j) = p _ name(j + 1)
      p _ name(j + 1) = t _ name
      t _ city = p _ city(j)
      p _ city(j) = p _ city(j + 1)
      p _ city(j + 1) = t _ city
    End If
  Next j
Next I
Print ″排序后数据″
Print ″ = = = = = = = = = = = = = ″
```

```
    For I = 1 To tot
        Print p _ name(I); " "; p _ city(I)
    Next I
    Print " = = = = = = = = = = = = "
    s _ name = " 王五 "                              '二分法
    num = 0
    low = 1: high = tot
    Do                          '此循环查询符合键值的数据,并将其数据下标值记录在 num 中
        mid _ num = (low + high)/2
        If p _ name(mid _ num) = s _ name Then
            num = mid _ num
            Exit Do
        End If
        If p _ name(mid _ num) > s _ name Then
            high = mid _ num - 1
        Else
            low = mid _ num + 1
        End If
    Loop Until low > high
    If num = 0 Then
        Print
        Print " 查无 < < "; s _ name; " > > 数据 "          '当查询不到符合键值的数据时
    Else
        Print
        Print p _ name(num); " 住在 "; p _ city(num)
    End If
End Sub
```

5.运行程序,其结果如图 6.7 所示,是由小到大进行排序的,再进行查找。

6.检验汉字是以何依据来排序的。见下面程序段:运行结果如图 6.8 所示。

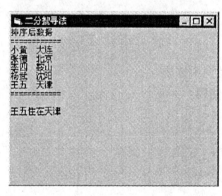

图 6.7 二分法查询应用实例

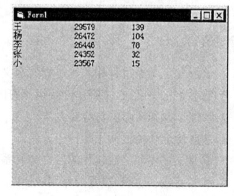

图 6.8 检验结果窗口

```
Private Sub Form _ Activate()
    Dim a(6) As String
    Dim I, j As Integer
    Dim x As String
    a(1) = " 李 ": a(2) = " 小 ": a(3) = " 王 "
    a(4) = " 张 ": a(5) = " 杨 "
    For I = 1 To 4
        For j = I + 1 To 5
```

```
            If a(j) > a(I) Then
                x = a(j): a(j) = a(I): a(I) = x
            End If
        Next j
    Next I
    For I = 1 To 5
        Print a(I), AscW(a(I)), AscB(a(I))        '第一项打印字符
                                                   '第二项打印字符的第一个字节的 ASCII 码
                                                   '第三项打印字符的 Unicode 码(双字节码)
    Next I
End Sub
```

7.可见,汉字是按照汉字的 Unicode 码或第一个字节的 ASCII 码排序的,而不是按汉语拼音的顺序排序的。

课内思考题

1.动态数组与固定大小数组的区别,及如何使用这两类数组。

2.如果不用按钮控件数组技术,如何实现简单加法器?

课外作业题

1.编写一个找出 10 个数中最大和最小值的程序。

2.编写一个找出任意个数中最大和最小值的程序。

3.请在实验的基础上,编写一个功能较为完善的计算器。

实验七　VB 过程的应用

实验目的

1.掌握自定义子过程和函数过程的定义及调用方法。

2.熟悉字符串函数、字符串连接运算符的使用。

3.掌握形参和实参的对应关系。

4.掌握传址和传值调用的传递方式。

5.掌握子过程和函数过程的区别与联系。

6.掌握变量、函数和过程的作用域。

7.掌握事件过程的应用。

8.了解对象作为参数传递的方法。

预备知识

1.通用过程的定义与调用方法。

2."按地址方式"和"按值方式"传递参数的意义。

3.函数过程的定义与调用方法。

4.事件过程的意义及作用。

5.事件过程的定义及调用方法,事件过程的参数传递方式。

6.掌握 Load、UnLoad 及 UnLoad Me 等方法的意义。

7.变量的作用域(如表7.1所示)。

全局变量:以 Public 关键字开头的变量为全局变量,在整个工程中都有效。

窗体、模块级变量:在通用声明段用 Dim 或 Private 关键字声明的变量,在该窗体或模块内有效。

局部变量:在过程中声明的变量,在该过程调用时分配内存空间并初始化,过程调用结束,回收分配的空间。

表7.1 变量的作用域

作用范围		声明方式	声明位置	能否被本模块的其他过程存取	能否被其他模块存取
局部变量		Dim, Static	在过程中	不能	不能
窗体/模块级变量		Dim, Private	窗体/模块的通用声明段	能	不能
全局变量	窗体标准模块	Public	窗体/模块的通用声明段	能	能,但在变量名前加窗体名能

实验内容 1

通用子过程实验程序。要求编写一个求两个数平均值的通用过程。

设计思路

1.通用子过程是功能相对独立的一种子程序结构,它有自己的过程头、变量声明和过程体。

2.在程序中使用这些子过程,不但可以避免繁琐地书写重复的程序语句,缩短代码,而且使程序条理清晰,容易阅读。

3.通用过程是相对于事件过程而言的。通用过程本身一般不作为主程序去调用别的程序。

操作步骤

1.建立新工程,在"工程属性"对话框中将启动对象设为"Sub Main"。

2.向工程中加入标准模块(Module1),并加入"Main"过程和代码。

```
Public Sub Main()
    Dim sData1 As Single
    Dim sData2 As Single
    sData1 = InputBox("输入第一个数:")
    sData2 = InputBox("输入第二个数:")
    Average sData1 , sData2          '调用求平均值过程
```

```
        'Call Average(sData1, sData2)                    '也可以用 Call 命令调用过程
    End Sub
```

3．编写求平均值通用子过程（Average）。

```
    Public Sub Average(Data1 As Single, Data2 As Single)
        MsgBox (Data1 + Data2) / 2                       '计算平均值,并显示结果
    End Sub
```

在缺省情况下,子程序的参数是以"按地址方式"传送的,即上面的过程定义相当于：

Public Sub Average(ByRef Data1 As Single, ByRef Data2 As Single)

利用"按值方式"传递参数的方法也可达到同样的效果：

Public Sub Average(ByVal Data1 As Single, ByVal Data2 As Single)

4．运行程序,输入任何两个数,计算它们的平均值。

5．如果希望过程保留计算结果,则可以利用"按地址方式"传递参数技术实现。具体实现代码如下：

```
    Public Sub Main()
        Dim sData1 As Single,sData2 As Single, sAve As Single
        sData1 = InputBox("输入第一个数:")
        sData2 = InputBox("输入第二个数:")
        Call Average(sData1, sData2, sAve)
        MsgBox sAve
    End Sub

    Public Sub Average(Data1 As Single, Data2 As Single, Ret_ave)
        Ret_ave = (Data1 + Data2) / 2
    End Sub
```

6．调试并运行程序。

实验内容 2

回文数的判断程序。编一子过程,对于已知正整数,判断该数是否是回文数。

设计思路

1．回文数是指顺读与倒读数字相同,即指最高位与最低位相同,次高位与次低位相同,依次类推。

2．当只有 1 位数时,也认为是回文数。

3．回文数的求法,只要对输入的数（按字符串类型处理）,利用 MID 函数从两边往中间比较,若不相同,就不是回文数。

4．程序要求输入一系列数,分别调用求回文数的子过程。

操作步骤

1．在 text1 中,每输入一个数后回车,则判断一次,在图形框中显示之。

2．若是回文数,在该数后显示一个"★"。

3．程序代码编写如下：

```
Private Sub Text1 _ KeyPress(KeyAscii As Integer)
    Dim ishui As Boolean
    If KeyAscii = 13 Then
        If IsNumeric(Text1) Then
            Call hui(Text1 . Text, ishui)              '调用 hui 子过程,判断 Text1 内的数是否是回文数
            If ishui Then
                Picture1 . Print Text1; " ★ "
            Else
                Picture1 . Print Text1
            End If
        End If
        Text1 . Text = "": Text1 . SetFocus            '非数字或已调用 hui 子过程,再输入
    End If
End Sub

Sub hui(ByVal ss As String, tag As Boolean)
Dim s$ , st$ , i% , Ls%
tag = True
    s = RTrim(LTrim(ss))
    Ls = Len(s)
    For i = 1 To Int(Len(s) / 2)
        If Mid(s, i, 1) < > Mid(s, Ls + 1 - i, 1) Then
            tag = False: Exit For
        End If
    Next i
End Sub
```

4. 调试并运行程序。运行结果如图 7.1 所示。

实验内容 3

函数实验程序。要求编写计算 1! +2! +3! +4! +5! +6!...的程序。

设计思路

1.编写通用函数完成对 n! 的计算。

2.在主程序中,通过对通用函数进行循环调用,实现程序要求。

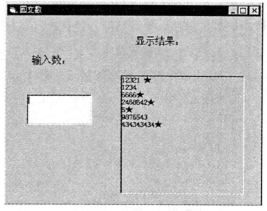

图 7.1 回文数程序运行界面

操作步骤

1.建立新工程,将启动对象设为"Sub Main",加入"标准模块"。2.在模块代码窗口中建立"Sub Main"过程。

```
Public Sub main()
    Dim Num As Integer, i As Integer
    Dim Sum As Double
    Num = InputBox("输入一个整数:")
    For i = 1 to Num                                   '循环调用 n! 函数
```

```
        Sum = Sum + Sum _ n(i)              '累加 n!
    Next
    MsgBox Sum                             '显示结果
  End Sub
```

3.编写 N! 函数

```
  Function Sum _ n(N As Integer) As Double
    Dim lSum As Double
    Dim i As Integer
    lSum = 1
    For i = 1 To N
      lSum = lSum * i
    Next
    Sum _ n = lSum                         '返回 n! 结果
  End Function
```

4.调试并运行程序。

实验内容 4

"质数对"程序的编写。找出 100 以内的质数对,并成对显示结果。

设计思路

1.若两质数的差为 2,则称此对质数为"质数对"。

2.定义一个函数过程,来判断参数 m 是否为质数。

操作步骤

1.建立新工程,在窗体中定义一个命令按钮。

2.将求出的"质数对"全部显示在窗体上。

3.程序代码编写:

```
  Private Sub Command1 _ Click()
    Dim i%
    p1 = isp(3)
    For i = 5 To 100 Step 2
      p2 = isp(i)
      If p1 And p2 Then Print i - 2, i
      p1 = p2
    Next i
  End Sub

  Public Function isp(m) As Boolean
    Dim i%
    isp = True
    For i = 2 To Int(Sqr(m))
      If m Mod i = 0 Then isp = False
    Next i
  End Function
```

4.图 7.2 是执行本程序时单击一次 Command1 按钮的运行结果。

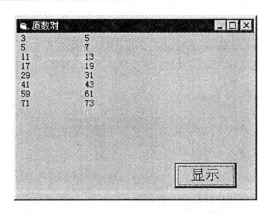

图 7.2 求质数对程序运行界面

实验内容 5

编一函数过程,在已知的字符串中,找出最长的单词。

设计思路

1.要找最长的单词,首先要从字符串中分离出单词。分离单词有多种方法,我们这里采用最原始的方法,即从字符串中逐个字符判断,如为空格,则前面的子串是单词。

2.假设字符串内只含有字母和空格,空格分割不同的单词。

3.程序中用到当前单词、最长单词、当前单词长度、最长单词长度等变量。

4.首先求出输入的字符串长度,然后逐个对每个字符进行判断。

操作步骤

1.若不为空格,将每个字符连接到当前单词的字符串变量中,当前单词长度计数器加1。

2.若为空格,表示一个单词结束,将当前单词长度与最长单词长度比较,若长,则用当前单词替代最长单词,并将当前单词置空,同时将当前单词计数器清 0。

3.程序代码的编写:

```
Private Sub Command1 _ Click()
    Text2 = Maxstr(Text1)
End Sub

Private Function Maxstr$ (s$ )
    Dim Word$ , MaxWord$ , c$ , i% , LenWord% , LenMaxWord%
    Word = "": MaxWord = "": LenWord = 0: LenMaxWord = 0
    For i = 1 To Len(s)
      c = Mid(s, i, 1)
      If c = " " Then                          '遇到空格,表示一个单词结束
        If LenWord > LenMaxWord Then            '判断是否为最常单词
          MaxWord = Word: LenMaxWord = LenWord
        End If
        LenWord = 0: Word = ""                  '为下一个单词初始化
      Else
```

```
            Word = Word + c: LenWord = LenWord + 1
        End If
    Next i
    Maxstr = MaxWord
End Function
```

4.此题运行结果如图7.3所示。

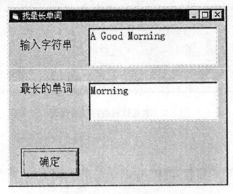

图7.3 找最长单词程序运行结果

实验内容6

事件过程实验程序。要求编写窗体的鼠标单击事件过程,用窗体上的标签显示单击次数。当次数达到10次时,自动调用"退出"按钮单击事件过程,退出程序。

设计思路

1.事件过程本身也可作为一个过程,而被其他的事件过程来调用。

2.本程序的功能:也可以在单击窗体中单击若干次(10次以内)时,即未达到10次,随时按"退出"按钮,而退出该程序。

操作步骤

1.建立新工程,在窗体上放置一个标签(Label1)和一个按钮(Command1),将标签的Caption属性赋值为0,如图7.4所示,显示出的窗体布局是单击窗体第五次的运行结果。

2.双击窗体,并进入窗体单击事件过程代码窗口,编写代码如下:

```
Private Sub Form _ Click()
    Label1.Caption = Val(Label1.Caption) + 1      '计数加1
    If Label1.Caption = ″ 10 ″ Then
        Command1 _ Click                          '如果计数达到10,调用"退出"按钮代码,退出程序
    End If
End Sub
```

3.编写"退出"按钮代码。

```
Private Sub Command1 _ Click()
    Unload Me
End Sub
```

4.运行程序。该程序在数到达10时,可正常退出。

5.图7.4所示的结果是当数达到5时的运行结果,现在未退出程序。

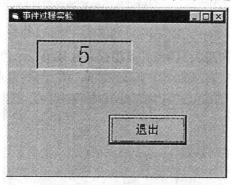

图7.4　事件过程实验运行结果

实验内容7

Command 的控件对象作为参数来传递的实验程序。假设窗体中心有一排4个按钮,Name 属性都改为 bb1,即创建一个控件数组,当其中某一个按钮被点中时,该按钮自动移到窗体的顶点。

设计思路

1.VB 中允许各种控件对象作为参数来传递,而原来的 As Integer ,String 等要改为 As Control。

2.窗体顶点,即指窗体的左上角,也即 Top 和 Left 值均为 0。

操作步骤

1.首先,编写控件作为参数的普通过程。

2.再编写一个点按钮的事件过程去调用那个普通过程。

3.程序代码编写如下:

```
Dim x(3) , y(3) As Integer          '在通用声明中定义数组存储按钮的原始坐标
Private Sub bb1 _ Click(Index As Integer)
  Static c As Integer                '点按钮次数静态变量
  c = c + 1
  If c = 1 Then                      '第一次记录所有按钮的坐标
    For i = 0 To 3
      x(i) = bb1(i).Top
      y(i) = bb1(i).Left             '所有的按钮坐标复位
    Next i
  End If
  For i = 0 To 3
    bb1(i).Left = y(i)
    bb1(i).Top = x(i)
    bb1(i).Move y(i), x(i)
  Next i
  btnmove bb1(Index)                 '被点的按钮移到窗体左顶点,带控件参数的普通过程调用
End Sub
```

```
Sub btnmove(btn As Control)            '控件作为参数的普通过程
    btn.Move 0, 0
End Sub
```

4.运行程序,其结果如图7.5所示。这里仅以按动第三个位置的"2号按钮"为例,若点击其他任何一个按钮,也会将那个按钮移到窗体的左上角(顶点处)。

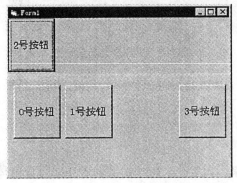

图7.5　控件作为参数的过程调用

实验内容8

窗体对象作为参数来传递的实验程序。编写一个任务,将其窗体的大小变为原来的一半。

设计思路

1.VB 中还允许窗体对象作为参数来传递,而原来的 As Integer , String 等要改为 As Form。

2.窗体也可以作为参数传递,当前活动的窗体内部变量为 Me。

3.运行程序后,每单击一次窗体,可以使现在(当前)的窗体恰恰变为原来的二分之一(即缩小一倍)。

操作步骤

1.首先,编写窗体作为参数的普通过程。

2.再编写一个点窗体的事件过程去调用那个普通过程。

3.程序代码编写如下:

```
Private Sub Form_ Click()
    ff Me                              '将当前活动窗体的大小改为原来的一半
End Sub

Sub ff(fm As Form)
    fm.Height = fm.Height / 2
    fm.Width = fm.Width / 2
End Sub
```

4.运行结果如图7.6所示。

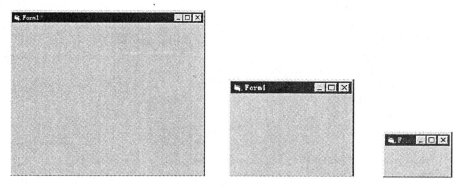

图 7.6   窗体作为参数的过程调用

实验内容 9

通用函数过程及计时器的综合应用实例。试设计一个以分钟为单位的倒计时器。

设计思路

1.倒计时器实际上就是将给定的时间进行递减的一种定时器。一秒钟到了的时候减一秒,当秒数部分减至 0 时,就向分数部分借;若分数部分也为 0,则向小时数部分借;若小时数部分也为 0 了,则所定的时间就到了。因此,倒计时器也可利用定时器控件来实现。

2.由于倒计时的时间是以分钟为单位输入的,需要将其转换为数值型的时、分、秒三部分,以便于进行递减运算。在输出显示时,又需要将数值型的时、分、秒三部分,再次转换成字符型的"时:分:秒",这种转换在两个命令按钮事件过程都将用到,因此,可将其定义成一个通用函数过程。

3.时、分、秒三部分的值是在"设置倒计时间"命令按钮中获得的,而递减运算是在定时器的 Timer 事件中完成的,为了使其值能传递到该 Timer 事件过程,则需要将用于保存时、分、秒三部分的变量定义成全局变量。

操作步骤

1.在窗体上设三个命令按钮、一个 Label 控件及一个定时器控件。各控件对象属性值设置如表 7.2 所示。

表 7.2   各控件属性值设置

控件对象	属 性	属性值
Form1	Caption	倒计时器
	BorderStyle	3
Label1	Caption	空
	BorderStyle	1
	Font	五号
Command1	Caption	设置倒计时间
Command2	Caption	开始倒计时
Command3	Caption	退出
Timer1	Interval	1000
	Enabled	False

2.程序代码编写如下：

```
Public hh As Integer, mm As Integer, ss As Integer        '分别用于保存时间的时、分、秒三部分
Private Sub Command1 _ Click()                            '设置倒计时时间
    Dim temp As String, valuetime As Integer
    temp = InputBox("请输入倒计时数(以分钟为单位):", "设置倒计时时间")
    valuetime = Val(temp)
    hh = Int(valuetime / 60)                              '获得对应的小数部分
    mm = valuetime - hh * 60                              '获得剩余的分数
    ss = 0                                                '初始化秒数
    Label1.Caption = hmsvaluetostring(hh, mm, ss)         '调用函数以转换成时间格式
End Sub


Private Sub Command2 _ Click()                            '开始倒计时
    Timer1.Enabled = True
End Sub


Private Sub Command3 _ Click()
    End                                                   '结束应用程序
End Sub


Private Sub Timer1 _ Timer()
    If ss < 1 Then                                        '若秒位已为0,则向分位借
        If mm < 1 Then                                    '若分位已为0,则向小时位借
            If hh < 1 Then                                '若小时位已为0,则时间到
                Timer1.Enabled = False                    '使定时器失败
                MsgBox "时间到!"
                Exit Sub                                  '退出本程序
            Else
                hh = hh - 1                               '向小时位借1
                mm = 59                                   '分位置59
                ss = 60                                   '秒位置60
            End If
        Else                                              '若分位有数
            mm = mm - 1                                   '向分位借1
            ss = 60                                       '借到后秒位置60
        End If
    End If
    ss = ss - 1                                           '秒数减1,完成本次递减工作
    Label1.Caption = hmsvaluetostring(hh, mm, ss)         '将本次剩余时间转换为 HH:MM:SS 格式显示
End Sub


Private Function hmsvaluetostring(ByVal h As Integer, ByVal m As Integer, ByVal s As Integer) As String
    Dim hstring, mstring, sstring As String
    If h < 10 Then                                        '转换小时部分,若只有一位数
        hstring = "0" + Trim(Str(h))                      '转换成字符型时,前面补0
    Else
        hstring = Trim(Str(h))
    End If
    If m < 10 Then                                        '转换分数部分
        mstring = "0" + Trim(Str(m))
    Else
        mstring = Trim(Str(m))
```

```
        End If
        If s < 10 Then                              '转换秒数部分
            sstring = "0" + Trim(Str(s))
        Else
            sstring = Trim(Str(s))
        End If
        hmsvaluetostring = hstring + ":" + mstring + ":" + sstring          '合并成时间格式
    End Function
```

3.调试并运行程序。运行结果如图7.7所示。

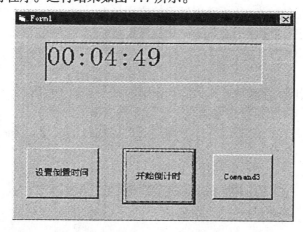

图7.7　运行中的倒计时器

4.在使用本程序时,所传递的参数来源于三个全局变量,即前面定义的 hh、mm 和 ss,因此,在定义本过程的形式参数时,前面必须加上关键字 ByVal,请说出它的含义。

难点分析

1.确定自定义的过程是子过程还是函数过程。

实际上过程是一个具有某种功能的独立程序单位,可供多次调用。子过程与函数过程的区别是子过程名无值;函数过程名有值。若过程有一个返回值,则习惯使用函数过程;若过程无返回值,则使用子过程;若过程返回多个值,一般使用子过程,通过实参与形参的结合带回结果,当然也可通过函数过程名带回一个,其余结果通过实参与形参的结合带回。

2.过程中形参的个数和传递方式的确定。

过程中参数的作用是实现过程与调用者的数据通信。一方面,调用者为子过程或函数过程提供初值,这是通过实参传递给形参实现的;另一方面,子过程或函数过程将结果传递给调用者,往往喜欢把过程体中用到的所有变量全作为形参,这样就增加了调用者的负担和出错概率;也有的调用者全部省略了形参,则无法实现数据的传递,既不能从调用者得到初值,也无法将计算结果传递给调用者。

VB 中形参与实参的结合有传值和传地址两种方式。区别如下:

(1)在定义形式上前者在形参前加 ByVal 关键字。

(2)在作用上值传递只能从外界向过程传入初值,但不能将结果传出;而地址传递既可传入又可传出。

(3)如果实参是数组、自定义类型、对象变量等,形参只能是地址传递。

3.变量的作用域问题。

局部变量,对该过程调用,分配该变量的存储空间,当过程调用结束,回收分配的存储空间,也就是每调用一次,就初始化一次;窗体级变量,当窗体装入,分配该变量的存储空间,直到该窗体从内存卸掉,才回收该变量分配的存储空间。

课内思考题

1.根据通用过程的特点,分析通用过程的应用场合。

2.在哪些程序中,适合应用函数来简化程序设计?

课外作业题

1.用参数的"按地址方式"和"按值方式",编写一个求和子过程。

2.用计时器、标签、按钮等控件编写一个具有秒表功能的程序。

3.编写求 $ax^2 + bx + c = 0$ 根的程序。编写三个函数分别求当 $b^2\text{-}4ac$ 大于 0、等于 0 和小于 0 时的根。

实验八　VB 菜单设计

实验目的

1.掌握具有菜单的应用程序设计方法。

2.综合应用所学的知识,编写具有可视化界面的应用程序。

预备知识

1.在一个窗体中访问不同窗体的属性及方法。

2.菜单编辑器的原理。

3.掌握建立菜单基本方法和步骤,理解菜单编辑器中各选项的作用。

4.每一个菜单项都是一个控件,有 Click 事件。在程序运行期间,如果用户单击菜单项,则运行该菜单项的 Click 事件过程。

5.菜单编辑器中菜单项的增减、控制。

6.掌握为菜单命令添加代码的方式。

7.弹出式菜单的设计。利用菜单编辑器可以设计弹出式菜单,在程序中使用 Popup-Menu 方法显示。

实验内容 1

简单的中文菜单设计程序。本实验程序应完成建立菜单、对菜单命令编程等功能。

设计思路

1.在窗体窗口中执行"工具"菜单下的"菜单编辑器"命令,在出现的菜单设计对话框中开始设计。

2.画面主要部分说明：

(1)标题(P)文本框：用来输入菜单列或(次)菜单选项的控件标题文字。

(2)名称(M)文本框：用来输入选项的控件名称。

(3)快捷键(S)组合框：可按下拉钮拉出菜单，再选取键盘所组合的快捷键。

(4)"复选"、"有效"及"可见"三个复选框根据需要选择，可以不服从默认值。

(5)按"下一个"钮，可使设计菜单的反白列下移一列，等待下一个选项设定。

(6)"&"字符会使其后的字母在窗体显示时加底线，从而完成其热键功能。

(7)设计次选项分隔线时，标题用"－"表示。

3.此实验中要设计两个下拉式菜单，还可以有下一级次菜单选项，但只要是菜单，就必须为其起一个名称(Name)。否则，在建立完菜单项后，按"确定"钮时，系统将提示你哪几个没起名字。

4.在开始的窗体设计中，放上两个 Label 框，以显示有关信息(对程序中两个下拉菜单均有效)。

操作步骤

1.依据图 8.1 所设计的菜单，设计各选项被选取时所回应的程序代码。

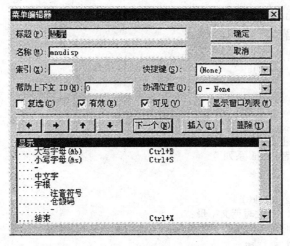

图 8.1　用"菜单编辑器"编辑菜单的功能

2.设计菜单的结构如下：

显示(&X)

…大写字母　　　　　　　　　Ctrl + B

…小写字母　　　　　　　　　Ctrl + S

…—

…中文字

…字根

……注音符号

……仓颉码

…—

…结束   Ctrl + X

关于(&G)

3.若选取从"显示"菜单中再选"大写字母"选项,则回应的结果如图8.2所示。

4."显示"菜单各选项,除能作相关显示回应外,还有一些变化:

(1)若选取"大写字母"选项,则使"小写字母"标题文字由原来虚体字变成实体字显示,而"大写字母"标题文字由实体字变成虚体字。

(2)若"小写字母"标题改为实体字显示时,则被选取,也会变成虚体字,而使虚体字的"大写字母"选项变回实体字显示。

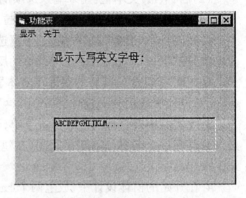

图8.2 "显示"菜单中的大写字母子菜单的功能

(3)若选取"中文字"选项,前面如有"√"记号,则可执行显示,并使"√"记号消失。如无"√"记号,则不执行显示,但会产生"√"记号。

(4)"结束"选项,则结束程序执行。

5.当菜单设计完后,一定要按"确定"钮。

6.编写程序代码:

```
Dim disp As String
Private Sub Form _ Load( )
    disp = Label1
End Sub

Private Sub mnuabout _ Click( )
    Label1 = ″欢迎使用本系统″
    Label2 = ″作者:全 ok 系列″
End Sub

Private Sub mnubig _ Click( )
    Label1 = disp + ″大写英文字母:″
    Label2 = ″ ABCDEFGHIJKLM… ″
    mnubig. Enabled = False
    mnusmall. Enabled = True
End Sub

Private Sub mnuchang _ Click( )
    Label1 = disp + ″仓颉码:″
    Label2 = ″日月水火金木土…″
End Sub

Private Sub mnuchi _ Click( )
    If mnuchi. Checked = True Then
        Label1 = disp + ″中文字:″
        Label2 = ″甲乙丙丁戊己庚…″
        mnuchi. Checked = False
```

```
        Else
            Label1 = disp
            Label2 = ""
            mnuchi.Checked = True
        End If
    End Sub

    Private Sub mnuend_Click()
        End
    End Sub

    Private Sub mnuphone_Click()
        Label1 = disp + "注音符号："
        Label2 = "ㄅㄆㄇㄈㄉㄊㄋㄍㄎㄏ…"
    End Sub

    Private Sub mnusmall_Click()
        Label1 = disp + "小写英文字母："
        Label2 = "abcdefghijklmnopq…"
        mnubig.Enabled = True
        mnusmall.Enabled = False
    End Sub
```

7.运行程序。在结果窗体中，"功能表"窗口中有两个下拉按钮。选"显示"按钮的结果如图8.3所示；选"关于"按钮的结果如图8.4所示。

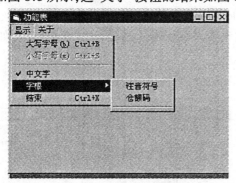

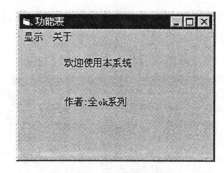

图8.3　菜单中"显示"按钮功能　　　　　　图8.4　"关于"菜单的功能

实验内容2

英文菜单设计程序。本实验程序应实现建立菜单、对菜单命令编程、以及使用弹出式菜单等功能。

设计思路

1.在窗体窗口中执行"工具"菜单下的"菜单编辑器"命令，在出现的菜单设计对话框中开始设计。

2.画面主要部分说明同上述［实验内容1］。

3.此实验中也要设计"File"和"Edit"两个下拉式菜单，还有下一级次菜单选项。且必须为每一个菜单起个名称(如表8.1所示)。

表 8.1　　　　　　File 和 Edit 命令的"标题"和"名称"属性表

标　题	名　称	标　题	名　称
&File	FileMenu	&Edit	EditMenu
&Open	FileOpen	&Copy	EditCopy
&Save	FileSave	C&ut	EditCut
—	seperator	&Paste	EditPaste
E&xit	FileExit		

4.在开始的窗体设计中,放上两个 Label 框,以显示有关信息(对此题中的两个下拉菜单均有效)。

操作步骤

1.创建一个新工程。

2.在 Form1 上放置两个 Label 控件,它们的属性设置如下:

Label1	Caption	您选择的菜单项是:
Label2	Name	Lab _ SelMenu
	Caption	" "
	BorderStyle	Fixed

3.选择"工具"菜单中的"菜单编辑器",启动菜单编辑器后,开始建立菜单结构,如图 8.5 所示。

4.建立好的菜单结构如图 8.6 所示。

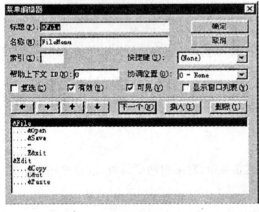

图 8.5

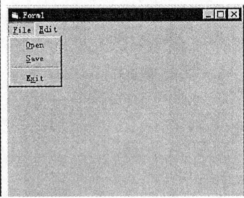

图 8.6　窗体菜单设计

5.为菜单各命令编写代码。

下面的命令代码很简单,只是在标签控件上显示所选菜单命令的名称。如果希望每个命令完成不同的功能,修改对应的代码即可。

```
Private Sub FileOpen _ Click()
    Lab _ SelMenu. Caption = " FileOpen "                '在标签上显示所击菜单命令
End Sub
```

```
Private Sub FileSave _ Click( )
    Lab _ SelMenu. Caption ＝ ″ FileSave ″          '在标签上显示所击菜单命令
End Sub


Private Sub EditCopy _ Click( )
    Lab _ SelMenu. Caption ＝ ″ EditCopy ″          '在标签上显示所击菜单命令
End Sub


Private Sub EditCut _ Click( )
    Lab _ SelMenu. Caption ＝ ″ EditCut ″           '在标签上显示所击菜单命令
End Sub


Private Sub EditPaste _ Click( )
    Lab _ SelMenu. Caption ＝ ″ EditPaste ″         '在标签上显示所击菜单命令
End Sub


Private Sub FileExit _ Click( )
    Unload Me                                       '卸载窗体
End Sub
```

6.生成弹出式菜单。

弹出式菜单在各类 Windows 软件中普遍应用,它给访问软件的某些
常用功能带来了极大方便。下面的代码通过响应窗体的 MouseUp 事
件,使 Edit 菜单成为弹出式菜单,当在窗体上单击鼠标右键时,该菜单
会出现在鼠标指针处。如图 8.7 所示。

图 8.7　弹出式菜
单运行图

```
Private Sub Form _ MouseUp( Button As Integer, Shift As Integer, X As Single, Y As Sin-
    gle)
    '如果鼠标右键按下,则弹出 Edit 菜单。
    If Button ＝ 2 Then PopupMenu EditMenu, , X, Y
End Sub
```

7.运行并调试代码。图 8.8 为点击下拉菜单“File”下的“Save”子菜单的运行结果。

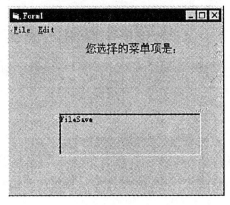

图 8.8　窗体菜单设计

难点分析

窗体顶部菜单栏中的菜单项与子菜单中的菜单项虽然都是在菜单编辑器中定义的,但是它们是有区别的。

(1)窗体顶部菜单栏中的菜单项不能定义快捷键,而子菜单中的菜单项可以有快捷键。

(2)当有热键字母(菜单标题中"–"后的字母)时,按 Alt + 热键字母选择窗体顶部菜单栏中的菜单项,按热键字母选择子菜单中的菜单项(当子菜单打开时)。子菜单没有打开时,按热键字母无法选择其中的菜单项。

(3)尽管所有的菜单项都能响应 Click 事件,但是窗体顶部菜单栏中的菜单项不需要编写事件过程。

实验九　对话框

实验目的

掌握通用对话框在文件的打开、保存、颜色设置、字体设置、打印设置时的选项。

预备知识

熟悉通用对话框在文件的打开、保存、颜色设置、字体设置、打印设置时的选项。

实验内容 1

现有一字处理软件,试为其设计文件打开功能。要求打开对话框能打开文件类型有:Word 文档、RTF 格式、文本文件、所有文件,打开对话框的缺省目录设置为:

C：\ My Document。

设计思想

在窗体中绘制通用对话框控件和一个命令钮,命令钮用于测试文件打开功能。对该命令钮编程,当单击命令钮时,实现文件打开功能。

操作步骤

1. 通过 VB 菜单中的工程→部件,选择部件命令。在出现的部件对话框中,选择 Microsoft Common Dialog Control 6.0 这一项,将通用对话框控件添加到工具箱中。

2. 建立如图 9.1 窗体。

3. 设定各控件对象属性值,如表 9.1 所示。

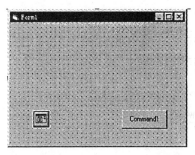

表9.1	控件属性值设置	
控件对象	属 性	设置值
Command1	Name	Command1
Command1	Caption	Command1
Commondialog1	Name	Commondialog1

图9.1

4.打开代码窗口,输入如下代码:

```
Private Sub Command1 _ Click( )
    On Error Resume Next
    Dim openfilename As String
    CommonDialog1 . CancelError = True
    CommonDialog1 . Filter = ″word 文档 | * . doc | rtf 格式 | * . rtf | 文本文件 | * . txt | 所有文件 | * . * ″
    CommonDialog1 . InitDir = ″c: \ my document ″
    CommonDialog1 . Flags = &H200000
    CommonDialog1 . ShowOpen
    If Err . Number = 32755 Then Exit Sub          ′若按取消按钮,则退出过程
    openfilename = CommonDialog1 . FileName          ′获得用户选择的文件名
    …                                                 ′此处添加具体打开文件的代码,略。
    End Sub
```

5.调试并运行程序。单击 Command1 按钮,看看有什么效果。

实验内容 2

试为某文字处理软件设计文件另存为对话框。要求设置其缺省存盘目录为 c: \ My Documents,缺省存盘扩展名为 doc。

设计思想

在窗体中绘制通用对话框控件和一个命令按钮,命令钮用于测试文件"另存为"的功能。对该命令钮编程,当单击该命令钮时,实现文件打开功能。

操作步骤

1.通过菜单中的工程→部件,选择部件命令。在出现的部件对话框中,选择 Microsoft Common Dialog Control 6.0 这一项,将通用对话框控件添加到工具箱中。

2.建立如图9.2窗体。

3.设定各控件属性值,如表9.2所示。

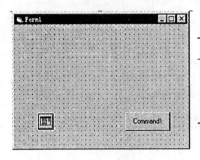

图 9.2

表 9.2	各控件属性值设置	
控件对象	属　性	设置值
Command1	Name	Command1
Command1	Caption	Command1
Commondialog1	Name	Commondialog1

4. 打开代码窗口,输入如下代码:

```
Private Sub Command1 _ Click()
    On Error Resume Next
    Dim savefilename As String
    CommonDialog1.CancelError = True
    CommonDialog1.Filter = "word 文档 | * .doc | rtf 格式 | * .rtf | 文本文件 | * .txt | 所有文件 | * .
* "
    CommonDialog1.InitDir = " c: \ my document "
    CommonDialog1.Flags = &H200000
    CommonDialog1.ShowSave
    If Err.Number = 32755 Then Exit Sub              '若按取消按钮,则退出过程
    Select Case CommonDialog1.FilterIndex
        Case 1
            CommonDialog1.DefaultExt = " doc "
        Case 2
            CommonDialog1.DefaultExt = " rtf "
        Case 3
            CommonDialog1.DefaultExt = " txt "
    End Select
    savefilename = CommonDialog1.FileName
    …                                              '此处添加实现存盘功能的程序代码
End Sub
```

5. 调试并运行程序。单击 Command1 按钮,看看有什么效果。

实验内容 3

试为某文字处理软件设计字体设置对话框。要求能设置字体、字体样式、字体大小、字体颜色等。

设计思想

在窗体中绘制一个通用对话框和一个命令按钮,设置窗体的标题为"测试字体对话框"。对命令钮编程,当单击该命令钮时,实现弹出字体设置对话框。并将用户所选择的字体及其他效果作用于标签框。

操作步骤

1. 通过菜单中的工程→部件,选择部件命令。在出现的部件对话框中,选择 Microsoft

Common Dialog Control 6.0 这一项,将通用对话框控件添加到工具箱中。

2．建立如图9.3窗体。

3．设定各控件对象属性值,如表9.3所示。

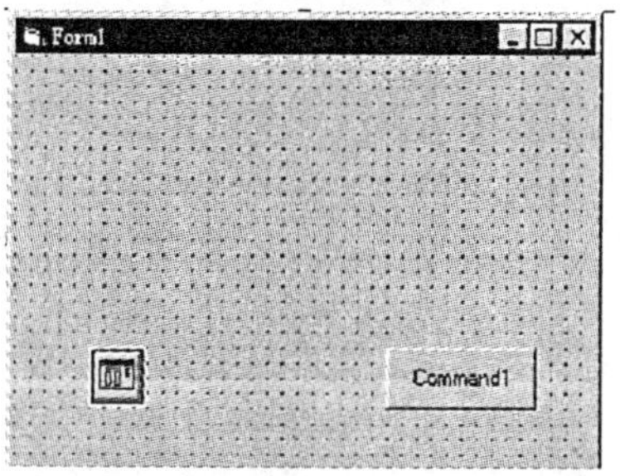

图9.3

表9.3　　　　　控件属性值设置

控件对象	属　　性	设置值
Form1	Caption	测试字体对话框
Command1	Name	Command1
Command1	Caption	Command1
Commondialog1	Name	Commondialog1

4．打开代码窗口,输入如下代码:

```
Private Sub Command1 _ Click( )
    On Error Resume Next
    Dim savefilename As String
    CommonDialog1.CancelError = True
    CommonDialog1.Flags = cdlCFEffects + cdlCFBoth + cdlCFApply
    CommonDialog1.ShowFont
    If Err.Number = 32755 Then Exit Sub          '若按取消按钮,则退出过程
    Label1.FontName = CommonDialog1.FontName
    Label1.FontBold = CommonDialog1.FontBold
    Label1.FontItalic = CommonDialog1.FontItalic
    Label1.FontStrikethru = CommonDialog1.FontStrikethru
    Label1.FontUnderline = CommonDialog1.FontUnderline
    Label1.FontSize = CommonDialog1.FontSize
    Label1.ForeColor = CommonDialog1.Color
End Sub
```

5.调试并运行程序。单击 Command1 按钮,看看有什么效果。

实验内容4

试为某文字处理软件编程实现弹出"打印设置"对话框和"打印"对话框。

设计思想

在窗体中绘制一个通用对话框和两个命令按钮,当单击一个命令钮时,实现弹出打印设置对话框。当单击另一个命令钮时,实现弹出打印对话框。并将用户所做的各种选择传送给系统。

操作步骤

1．通过菜单中的工程→部件,选择部件命令。在出现的部件对话框中,选择 Microsoft Common Dialog Control 6.0 这一项,将通用对话框控件添加到工具箱中。

2.建立如图9.4窗体。

3．设定各控件对象属性值,如表9.4所示。

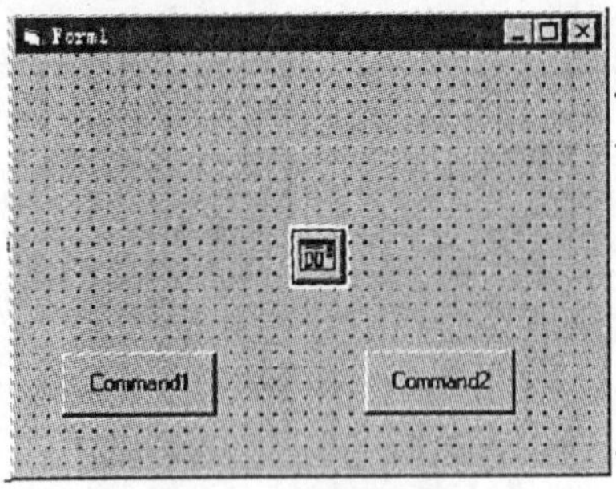

图 9.4

表 9.4	控件属性值设置	
控件对象	属 性	设置值
Form1	Caption	测试字体对话框
Command1	Name	Command1
Command1	Caption	Command1
Command2	Name	Command2
Command2	Caption	Command2
Commondialog1	Name	Commondialog1

4. 打开代码窗口, 输入如下代码:

在窗体中绘制两个命令按钮, 分别用于弹出"打印设置"对话框和"打印"对话框。其实现的事件过程分别为:

```
Private Sub Command1 _ Click( )
    On Error Resume Next
    Dim beginpage, endpage, numcopies, i As Integer
    CommonDialog1 . CancelError = True
    CommonDialog1 . PrinterDefault = True
    CommonDialog1 . Max = 100
    CommonDialog1 . Flags = cdlPDPageNums Or cdlPDAllPages
    CommonDialog1 . ShowPrinter
    If Err . Number = 32755 Then Exit Sub       '若按取消按钮, 则退出过程
    beginpage = CommonDialog1 . FromPage
    endpage = CommonDialog1 . ToPage
    numcopies = CommonDialog1 . Copies
    For i = 1 To numcopies                       '此处放置将数据发送到打印机的代码
    Next i

End Sub

Private Sub Command2 _ Click( )                  '"设置打印"对话框
    CommonDialog1 . PrinterDefault = True
    CommonDialog1 . Flags = cdlPDPrintSetup
    CommonDialog1 . ShowPrinter                   '显示"打印"对话框
End Sub
```

5. 调试并运行程序。单击 Command1 按钮和 Command2 按钮, 看看有什么效果。

课内思考题

1. 文件列表框的 Filename 属性是否包含路径?

2. 文件列表框的 Path 与目录列表框的 Path 是否相同?

3. 在设计时能否改变通用对话框的大小? 如何在程序中显示通用对话框?

4. 如何自行设置通用对话框标题?

5. 怎样在"打开"对话框内过滤多种文件? 怎样在"另存为"对话框内传送文件名?

6. 在使用"字体"对话框之前必须设置什么属性值? 要控制字体颜色, 又如何设置 Flags 属性?

实验十　多窗体和多文档界面

实验目的

1. 掌握多窗体的加载、卸载及访问其他窗体属性、方法等技巧。

2. 掌握简单多文档界面的设计及使用技巧。

预备知识

1. 掌握窗体的 Load、UnLoad、Show 和 Hide 方法，理解 Load 和 Show 方法的区别。

2. 在一个窗体中访问不同窗体的属性及方法。

3. 理解单文档界面(SDI)与多文档界面(MDI)的区别与联系。掌握 MDI 窗体的基本应用技巧。

实验内容 1

多窗体实验程序。本实验程序实现在主窗体中装入、显示或隐藏子窗体，并且在显示子窗体时指定窗体显示为模态或非模态。同时实现在主窗体中改变子窗体的 Picture 属性和 Caption 属性。

设计思想

1. 在主窗体中，设计装入、显示、隐藏子窗体按钮，并编写相应代码。

2. 通过公共对话框控件，选择图形文件，并用该图形文件设置子窗体的 Picture 属性。

3. 用文本框控件内容，改变子窗体的 Caption 属性。

操作步骤

1. 创建一个新工程，并将其保存为"多窗体"。

2. 创建程序主窗体，如图 10.1 所示。

图 10.1　窗体设计

按表 10.1 所示设置各控件对象的属性值。

表 10.1	控件的性值设置	
控件对象	属 性	设置值
Form1	Name	F _ main
Command1	Caption	装入 FORM2
	Name	Cmd _ load
Command2	Caption	显示 FORM2
	Name	Cmd _ Show
Command3	Caption	打开图形文件
	Name	Cmd _ Openfile
Command4	Caption	设置窗体 Caption 属性
	Name	Cmd _ setCaption
Command5	Caption	隐藏窗体
	Name	Cmd _ Hide
Command6	Caption	退出
	Name	Cmd _ Exit
Frame1	Caption	窗体 2
Frame2	Caption	访问 FORM2 属性及方法
Text1	Text	[none]
	Name	Text _ Caption
Label1	Caption	Caption:
Check1	Name	Check _ Modal
	Caption	模态显示
CommonDialog1	Name	CDlg _ file
	Filter	Image	* . bmp; * . gif; * . jpg

3. 在项目中添加窗体 Form2，如图 10.2 所示。

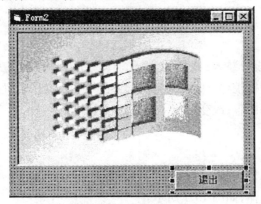

图 10.2　Form2 窗体设计

按表 10.2 所示设置各控件对象的属性值。

表 10.2	控件的属性值设置	
控件对象	属 性	设置值
Form2	Name	Form2
Image1	Name	Image _ file
	Stretch	True
Command1	Caption	退出
	Name	Cmd _ Exit

4. 在代码窗口中编写程序。

● 首先对窗口的 Load 事件编程，初始化窗口界面元素。

```
Private Sub Form _ Load( )
    Cmd _ Show. Enabled = False          '将"显示 Form2"按钮非使能
    Cmd _ hide. Enabled = False          '将"隐藏 Form2"按钮非使能
    Cmd _ setCaption. Enabled = False    '将"设置窗体 Caption 属性"按钮非使能
    Cmd _ Openfile. Enabled = False      '将"打开图形文件"按钮非使能
End Sub
```

● 为"装入 Form2"按钮编写代码。

```
Private Sub Cmd _ load _ Click( )
    Load Form2                           '装入 Form2
    Cmd _ load. Enabled = False          '禁止 Cmd _ load 按钮
    Cmd _ Show. Enabled = True           '使能显示按钮
End Sub
```

● 为"显示 Form2"按钮编写代码。

```
Private Sub Cmd _ show _ Click( )
    If Check _ Modal. value = 1 then
        Form2. show 1
    Else
        Form2. show 0
    End if
End Sub
```

● 为"打开图形文件"按钮编程。

```
Private Sub Cmd _ Openfile _ Click( )
    Dim File _ path As String
    CDlg _ File. ShowOpen                '打开共用对话框,选择图形文件
    File _ path = CDlg _ File. FileName  '获取图形文件名称
    If File _ path < > "" Then           '如果文件名不为空则显示图形
        Form2. Image _ file. Picture = LoadPicture(File _ path)
    End If
End Sub
```

● 为"设置窗体 Caption 属性"按钮 Click 事件编程。

```
Private Sub Cmd _ setCaption _ Click( )
    Form2. Caption = Text _ Caption. Text   '设置窗体 Caption 属性
End Sub
```

● "隐藏窗体"按钮的 Click 事件代码。

```
Private Sub Cmd _ hide _ Click( )
    Form2. Hide                          '隐藏窗体 Form2
    Cmd _ Show. Enabled = True           '使能"显示 Form2"按钮
    Cmd _ hide. Enabled = False
    Cmd _ setCaption. Enabled = False
    Cmd _ Openfile. Enabled = False
End Sub
```

● 对 Form1 的"退出"按钮代码编程。

```
Private Sub Cmd _ Exit _ Click( )
    End
End Sub
```

● 对 Form2 的"退出"按钮编程。

```
Private Sub Cmd _ Exit _ Click( )
    F _ main. Cmd _ load. Enabled = True    '主窗体的"加载 Form2"按钮使能
    F _ main. Cmd _ Show. Enabled = False   '下面四个按钮非使能
```

```
        F _ main.Cmd _ hide.Enabled = False
        F _ main.Cmd _ setCaption.Enabled = False
        F _ main.Cmd _ Openfile.Enabled = False
        Unload Me                              '卸载 Form2
        Load f _ main
        F _ main.show
    End Sub
```

5. 调试并运行该程序。

实验内容 2

简单多文档界面(MDI)程序设计。多文档界面(MDI)可简化文档之间的信息交换,利用 MDI 应用程序,可以同时打开多个窗口,而不是借助应用程序的多个备份。在 Windows 系统中 MDI 软件的例子很多,如 Microsoft Word 就是个典型例子。下面的 MDI 程序只是简单介绍如何用 VB 制作 MDI 应用程序。

应用程序功能:

1. 在 MDI 窗体中打开多个子窗体,并将子窗体设成不同的背景颜色。

2. 以指定方式安排 MDI 窗体上的子窗口。

3. 关闭子窗体或 MDI 窗体时要求确认。

设计思想

1. 声明 11 个 MDI 子窗体实例,并用一全局变量记录打开的子窗体个数。

2. 当打开 11 子窗体后,不能再打开子窗体。

3. 为子窗体的 QueryUnload 事件编写代码,用来确认关闭子窗体命令。

操作步骤

1. 开始一个新工程。选择"工程"菜单和"添加 MDI 窗体"项,将名为 MDIForm1 的 MDI 窗体加入项目中。

2. 选择"工程"菜单及"添加窗体"项,加入名为 ChildForm 的普通窗体。

3. 将 ChildForm 窗体的 MDIChild 属性设置为 True。

4. 在"工程属性"窗口中,将 MDIForm1 设置为启动窗体。

5. 选择"工程"菜单及"添加模块"项,为工程加入名为 Module1 模块。

6. 进入 Module1 模块的代码编辑窗口键入下列代码:

```
Option Explicit
Global DocForms(10) As New ChildForm      '建立 11 个 ChildForm 窗体实例
Global DocNumber As Integer               '该变量记录目前打开的窗体总数
DocNumber = 0                             '将子窗体总数初始化为 0
```

7. 按表 10.3 为 MDIForm1 建立菜单:

表 10.3　　　　　MDIForm1 菜单的建立

标　题	名　称
MDI 菜单	MDIMenu
打开子菜单	MDIOpen
退出	MDIExit

8.为 MDIForm1 的菜单命令编写代码。

```
Private Sub MDIOpen _ Click( )                              '打开子窗体命令
    DocForms(DocNumber).Show                               '显示第一个子窗体
    DocForms(DocNumber).Tag = DocNumber                    '将窗体号赋值给子窗体的 Tag 属性
    DocForms(DocNumber).BackColor = QBColor(Rnd * 14 + 1)  '设置子窗体背景颜色
    DocNumber = DocNumber + 1                              '子窗体总数加 1
End Sub

Private Sub MDIExit _ Click( )                             '关闭窗口命令
    Unload MDIForm1                                        '关闭窗口
    End
End Sub
```

9.按表 10.4 为 ChildForm 窗体建立菜单。

表 10.4　　　　　　　　　　ChildForm 的窗体菜单

菜单标题	菜单名称	菜单标题	菜单名称
MDI 子菜单	ChildMenu	窗口	WindowsList
·打开新窗体	·ChildOpen	·叠式排列	WindowCascade
·关闭窗体	·CloseChild	·水平平铺	WindowHorizontal
· —	·Separator	·垂直平铺	WindowVertical
·退出	·ChildExit		

注意　在建立"窗口"菜单项时,一定要选取"显示窗口列表"选项。

10.为 ChildForm 窗体菜单命令编写代码

● "打开"菜单命令代码

```
Private Sub ChildOpen _ Click( )
    If DocNumber < = 10 Then                               '如果打开的窗口数小于 11 则继续打开子窗口
        DocForms(DocNumber).Show                           '打开子窗体
                                                           '将窗体号赋值给窗体的 Tag 属性
        DocForms(DocNumber).Tag = DocNumber               '设置窗体背景颜色
        DocForms(DocNumber).BackColor = QBColor(Rnd * 14 + 1)
        DocNumber = DocNumber + 1                          '窗体数加 1
    End If
End Sub
```

● "关闭"菜单命令代码

```
Private Sub CloseChild _ Click( )
    If DocNumber > = 0 Then                                '如果变量大于等于零,则表示仍存在打开的窗口
        Unload Me                                          '卸载当前活动的子窗口
        DocNumber = DocNumber – 1                          '子窗口数减 1
    End If
End Sub
```

● 子窗体 GotFocus 事件代码

```
Private Sub Form _ GotFocus( )
    Me.Caption = " 我是活动窗口 "                            '当某一子窗口激活时,显示改变窗口 Caption 属性
End Sub
```

● 子窗体 LostFocus 事件代码

```
Private Sub Form_ LostFocus( )                       '窗口失去焦点时，改变 Caption 属性
    Me.Caption = " 我是第 " & Me.Tag & " 个窗口 "
End Sub
```

● 子窗体 QueryUnload 事件代码

```
Private Sub Form_ QueryUnload(Cancel As Integer, UnloadMode As Integer)
    Dim reply As Integer
    reply = MsgBox(" 确实要关闭这个窗口吗? ", vbOKCancel + vbInformation)
                                                     '当卸载某子窗口或退出整个程序时,进行确认,
    If reply = vbCancel Then                           并做一些窗体卸载前的工作
        Cancel = True                                '不卸载子窗体
    End If
End Sub
```

● "层叠排列"菜单命令代码

```
Private Sub WindowCascade_ Click( )
    MDIForm1 . Arrange vbCascade                     '将 MDI 窗体上的窗口以层叠式排列
End Sub
```

● "水平平铺"菜单命令代码

```
Private Sub WindowHorizontal_ Click( )
    MDIForm1 . Arrange vbTileHorizontal              '将 MDI 窗体上的窗口以水平平铺式排列
End Sub
```

● "垂直平铺"菜单命令代码

```
Private Sub WindowVertical_ Click( )
    MDIForm1 . Arrange vbTileVertical                '将 MDI 窗体上的窗口以垂直平铺式排列
End Sub
```

● "退出"菜单命令代码

```
Private Sub ChildExit_ Click( )
    Unload Me
    End
End Sub
```

11. 保存工程及窗体,调试并运行该程序,运行结果
如图 10.3 所示:

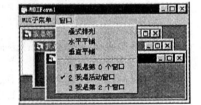

图 10.3　MDI 窗体运行结果

课内思考题

1. 以模态和非模态显示的窗体有什么不同?

2. 在窗体隐藏后,是否可以访问其属性和方法?

3. 在哪些应用软件中适合加入菜单功能? 如何建立弹出式菜单?

4. 如何跟踪 MDI 应用中的活动子窗体?

5. 文档接口(MDI)界面一般适合哪些应用环境?

课外作业题

1. 应用程序启动时,其速度是否迅速非常重要。请设计一个应用程序,为使用户对
你的应用程序产生较好的第一印象,让该程序的启动窗体控件尽可能地少,然后在启动窗

体中加载程序主窗体。

    提示:在启动窗体的 Load 事件中,编写如下程序:

```
Sub Form _ Load()
    Me.Show                          '显示启动窗体
    DoEvents                         '确保启动窗体已经被画出
    Load MainForm                    '加载主应用程序窗体
    Unload Me                        '卸载启动窗体
    MainForm.Show                    '显示主窗体
End Sub
```

    2.试将"多窗件程序"改用菜单方式实现。

实验十一   数据文件

实验目的

    1.熟练掌握顺序文件的读、写技术。

    2.了解随机文件的读、写方法。

    3.掌握通用对话框、驱动器、目录和文件菜单框的主要属性和方法的使用。

预备知识

    1.打开、读取、写入及关闭顺序文件的方法。

    2.菜单的设计及编写菜单命令代码的方法。

    3.共用对话框控件的主要属性和方法的使用。

    4.顺序文件访问基本技术。

    5.熟悉驱动器、目录和文件菜单框的使用方法。

实验内容 1

    顺序文件读写实验。要求建立一个简单的单文档文本编辑器。该编辑器具有新建文件、打开文件、编辑文件、保存文件等功能。

设计思想

    1.在窗体上放置一多行文本框,作为新建文件、打开文件和编辑文件的窗口。

    2.用共用对话框完成指定打开或保存的文件名。

    3.建立菜单实现对文件各种操作命令的组织。

操作步骤

    1.建立新工程,并设计如图 11.1 所示的窗体界面:
    窗体上各控件对象的属性如表 11.1:

图 11.1   文本编辑器界面

表 11.1	各控件的属性值设置	
控件对象	属　性	属性值
窗体	Name	F _ Editor
	Caption	文件编辑器
文本框	Name	T _ Editor
	Multiline	True
	ScrollBars	Both
共用对话框	Text	""
	Name	CDlg _ File

2. 按表 11.2 建立如图 11.2 所示的菜单:

表 11.2　　　　菜单设置

菜单标题	菜单名称
文件(&F)	FileMenu
·新建(&N)...	·FileNew
·打开(&O)...	·FileOpen
·保存(&S)...	·FileSave
·另存为(&A)...	·FileSaveAs
·－	·Separator1
·退出(&X)	·FileExit

图 11.2

3. 编写下面的菜单命令代码。

● 定义三个窗体级变量。

```
Option Explicit
Dim Changed As Boolean              '用来表示文件内容是否被修改
Dim FileName As String              '存放打开的文件名
Dim FileNumber As Integer           '存放文件号
```

●为窗体的 Resize 事件编写代码。该代码在窗体大小改变时,使文本框始终能充满整个窗体。

```
Private Sub Form _ Resize()
    T _ Editor. Top = F _ Editor. ScaleTop
    T _ Editor. Left = F _ Editor. ScaleLeft
    T _ Editor. Width = F _ Editor. ScaleWidth
    T _ Editor. Height = F _ Editor. ScaleHeight
End Sub
```

●"新建"菜单命令代码。

```
Private Sub FileNew _ Click()
Dim Ret as Integer
    If Changed = True Then                  '如果当前文件被修改,则询问是否保存
        Ret = MsgBox(" 文件 " & FileName & " 被修改过,是否保存? ", vbQuestion Or _ vbYesNoCancel)
        If Ret = vbYes Then
            FileSave _ Click                '调用"保存"菜单命令事件过程,保存文件
        ElseIf Ret = vbCancel Then          '如果选择"取消"按钮,则退出该事件过程
            Exit Sub
        End If
    End If
    Changed = True                          '设置新文件的修改标志
    FileName = App. Path & " \ Noname. txt "   '新文件的缺省路径和文件名
```

```
      F _ Editor. Caption = Left(F _ Editor. Caption, 5) & " " & FileName
                                              '用新文件名更新窗体 Caption 属性。语句中 Left
                                              (F _ Editor. Caption, 5) 返回"文本编辑器"五个字
      T _ Editor. Text = ""                   '清空文本框内容
   End Sub
```

● "打开"菜单命令代码。

```
   Private Sub FileOpen _ Click()
   Dim ReadText As String                     '定义两个局部变量
   Dim Ret As Integer
   If Changed = True Then                     '如果当前文件被修改,则询问是否保存修改
       Ret = MsgBox(" 文件 " & FileName & " 被修改过,是否保存? ", vbQuestion Or vbYesNoCancel)
       If Ret = vbYes Then                    '如果用户希望保存文件,则调用"保存"菜单
           FileSave _ Click                   '命令事件过程,保存文件
       ElseIf Ret = vbCancel Then
           Exit Sub
       End If
   End If
   CDlg _ File. Filter = " 文本文件 I * . txt "   '设置打开文件类型
   CDlg _ File. ShowOpen                       '显示共用对话框
   FileName = CDlg _ File. FileName            '获取选择的文件名
   If FileName = "" Then                       '如果文件名为空,则退出该事件过程
       Exit Sub
   End If
   T _ Editor. Text = ""                        '清空文本框
   F _ Editor. Caption = Left(F _ Editor. Caption, 5) & " " & FileName    '改变窗口标题
   FileNumber = FreeFile(1)                    '取得一个 256 至 511 之间的空闲文件号
   Open FileName For Input As # FileNumber     '以读方式打开文件
   Do Until EOF(FileNumber)                    '读取文件内容直到文件尾
       Line Input # FileNumber, ReadText       '以行输入方式读取文件
                                               '将文件内容显示在文本框内
           T _ Editor. Text = T _ Editor. Text & ReadText & Chr(13) & Chr(10)
   Loop
   Close # FileNumber                          '关闭文件
   Changed = False                             '复位文件修改标志
   End Sub
```

● "保存"菜单命令代码。

```
   Private Sub FileSave _ Click()
       FileNumber = FreeFile(1)                '获取文件号
       Open FileName For Output As # FileNumber  '以写方式打开文件
       Print # FileNumber, T _ Editor. Text    '将文本框内容写入文件
       Close # FileNumber                      '关闭文件
       Changed = False
   End Sub
```

● "另存为"菜单命令代码。

```
   Private Sub FileSaveAs _ Click()
       Dim Filestr As String
       CDlg _ File. ShowSave                    '显示保存文件共用对话框
       Filestr = CDlg _ File. FileName          '获取保存文件名
       If Filestr = "" Then                     '文件名为空,退出子过程
           Exit Sub
       End If
       FileName = Filestr                       '保存文件名
       FileNumber = FreeFile(1)
```

```
        Open FileName For Output As # FileNumber          '以写方式打开文件
        Print # FileNumber, T _ Editor. Text               '保存文件
        Close # FileNumber                                 '关闭文件
        Changed = False                                    '复位文件修改标志
    F _ Editor. Caption = Left(F _ Editor. Caption, 5) & " " & FileName      '更新窗口标题
    End Sub
```

● 为窗体的 Unload 事件编写程序。

窗体的 Unload 事件在退出文本编辑器时触发,此时应检查文件是否被修改过。

```
    Private Sub Form _ Unload(Cancel As Integer)
        Dim Ret As Integer
        If Changed = True Then          '如果文件修改过,则询问是否保存修改
            Ret = MsgBox(" 文件 " & FileName & " 被修改过,是否保存? ", vbQuestion Or vbYesNoCancel)
            If Ret = vbYes Then          '调用"保存"菜单命令代码,保存文件
                FileSave _ Click
                                         '如果选择"取消"按钮,将 Cancel 变量置 1,则不退出文本编辑器
            ElseIf Ret = vbCancel Then
                Cancel = 1
            End If
        End If
    End Sub
```

● 为文本框的 Change 事件和"退出"菜单命令编程。

```
    Private Sub T _ Editor _ Change( )
        Changed = True                   '当文本框的 Change 事件发生时,设置文件修改标志
    End Sub

    Private Sub FileExit _ Click( )
        Unload Me                        '卸载窗体,触发窗体的 Unload 事件
    End Sub
```

4. 调试并运行"文本编辑器"软件,将出现如图 11.3 所示的界面。

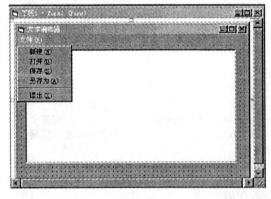

图 11.3　运行窗口

实验内容 2

随机文件读写实验。要求用随机文件访问技术,编写一个简单的学生档案管理软件。

设计思想

使用定长的自定义数据类型记录学生信息,并将该信息保存在随机文件中。

操作步骤

1. 建立新工程,并设计如图 11.4 所示的窗体。

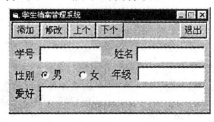

图 11.4 学生档案管理窗体

各控件对象的属性值按表 11.3 设置。

表 11.3 　　　　　　　　　　各控件的属性值设置

控件对象	属性	属性值	对象	属性	属性值
Label1	Caption	学号	Label5	Caption	爱好
Text1	Name	T _ id	Text4	Name	T _ hobby
Label2	Caption	姓名	Command1	Caption	添加
Text2	name	T _ name		Name	Cmd _ add
Label3	Caption	性别	Command2	Caption	修改
Option1	Name	Opt _ man		Name	Cmd _ modify
	Caption	男	Command3	Caption	向上
Optin2	Name	Opt _ woman		Name	Cmd _ prev
	Caption	女	Command4	Caption	向下
Label4	Caption	年级		Name	Cmd _ next
Text3	Name	T _ grade	Command5	Caption	退出
				Name	Cmd _ exit

2. 向工程添加模块,并在模块代码编辑窗口中定义如下数据类型。

```
Type Student
    S _ ID As String * 8              '学号
    S _ Name As String * 6            '姓名
    S _ Sex As String * 2             '性别
    S _ Grade As String * 10          '年级
    S _ Hobby As String * 30          '爱好
End Type
```

3. 定义窗体级变量。

```
Dim Stud As Student               '用来存放从文件中读取或待写入文件的记录
Dim Position As Long              '记录的当前位置
Dim LastRecord As Long           '文件中记录总数
Dim FileNumber As Integer        '文件号
Dim RecLength As Long            '每条记录的长度
```

4. 定义三个通用函数。

● 显示指定学生记录。

```
Function Show _ Record(Num As Long)          'Num 为将显示的记录号
    Get FileNumber, Num, Stud                '读取记录,并存放在 Stud 中
    T _ ID. Text = Stud. S _ ID              '将读取的数据显示到窗口上
    T _ Name. Text = Stud. S _ Name
    T _ Grade. Text = Stud. S _ Grade
    T _ Hobby. Text = Stud. S _ Hobby
    If Trim(Stud. S _ Sex) = "男" Then       '显示学生性别
        Opt _ Man. Value = True
    Else
        Opt _ woman. Value = True
    End If
End Function
```

● 向文件中写入学生记录函数。

```
Function Write _ Record(Num As Long)         'Num 表示写入的位置
    Stud. S _ ID = T _ ID. Text              '从窗口获取学生记录信息
    Stud. S _ Name = T _ Name. Text
    Stud. S _ Grade = T _ Grade. Text
    Stud. S _ Hobby = T _ Hobby. Text
    If Opt _ Man. Value = True Then
        Stud. S _ Sex = "男"
    Else
        Stud. S _ Sex = "女"
    End If
    Put FileNumber, Num, Stud                '将学生记录写入文件
End Function
```

● 清除各个文本框内容。

```
Function ClearScreen( )
    T _ ID. Text = ""
    T _ Name. Text = ""
    T _ Grade. Text = ""
    T _ Hobby. Text = ""
    Opt _ Man. Value = True
End Function
```

5. 编写窗体加载事件(Load)和卸载事件(Unload)代码,完成软件初始化任务。

```
Private Sub Form _ Load( )
    RecLength = Len(Stud)                    '获取自定义数据类型长度
    FileNumber = FreeFile(1)                 '取得空闲文件号
    Open App. Path & " \ student. db " For Random As FileNumber Len = RecLength
                                             '以随机方式打开文件
    LastRecord = FileLen(App. Path & " \ student. db ") / RecLength     '计算记录总数
    If LastRecord < = 0 Then                 '如果记录为 0,则退出该过程
        Exit Sub
    End If
    Position = 1                             '将当前记录指针指向第一条记录
    Show _ Record Position                   '显示第一条记录
End Sub

Private Sub Form _ Unload(Cancel As Integer)
    Close # FileNumber                       '关闭文件
End Sub
```

6. 为"添加"和"修改"按钮编写代码。

```
Private Sub Cmd _ Add _ Click( )
```

```
        Write _ Record LastRecord + 1              '向文件中追加记录
        LastRecord = LastRecord + 1                '记录总数加 1
        ClearScreen                                '清屏幕
    End Sub

    Private Sub Cmd _ Modify _ Click( )
        Write _ Record Position                    '将屏幕数据写入文件 Position 位置
    End Sub
```

7．为"向上"和"向下"按钮编写代码。

```
    Private Sub Cmd _ Prev _ Click( )
        If Position > 1 Then                       '如果当前记录指针大于 1,则指针减 1,指向上条记录
            Position = Position － 1
            Show _ Record Position                 '显示上条记录
        End If
    End Sub

    Private Sub Cmd _ Next _ Click( )
        If Position < LastRecord Then              '如果当前位置不在最后记录上,则当前位置加 1
            Position = Position + 1
            Show _ Record Position                 '显示下条记录
        End If
    End Sub
```

8．调试并运行"学生档案管理系统"软件。

实验内容 3

利用驱动器、目录和文件菜单框,设计一个能够读取 ∗.bmp 和 ∗.ico 图形文件的程序。

设计思想

1．利用驱动器、目录和文件菜单框,读取 ∗.bmp 和 ∗.ico 图形文件到图片框中。

2．在标签中显示文件名和文件长度。

3．图形如果超过图片框大小,可以利用水平或垂直滚动条来移动图形。

4．按结束按钮,终止程序执行。

操作步骤

1．建立如图 11.5 所示的窗体。

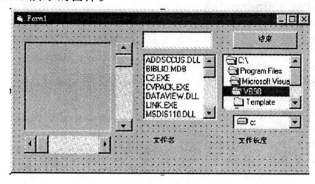

图 11.5

2. 按表 11.4 设定窗体上各控件对象的属性值。

表 11.4   各控件的属性值设置

控件对象	属　性	属性值	控件对象	属　性	属性值
Form1	Form1	显示图片	Picture1	Picshow	
Hscroll1	Hsbpicture		Vscroll	Vsbpicture	
Text1	Txtfilepattern		File1	Filpicture	
Dir1	Dirpicture		Drive1	Drvpicture	
Command1	Cmdend	结束	Label1	Lblfilename	文件名
Option Explicit			Label2	Lblfilelen	文件长度

```
Dim pic _ height, pic _ width
Dim file _ name As String

Private Sub cmdend _ Click( )
    End
End Sub

Private Sub Drvpicture _ Change( )
    ChDrive Drvpicture.Drive
    Dirpicture.Path = Drvpicture.Drive
End Sub

Private Sub Dirpicture _ Change( )
    ChDir Dirpicture.Path
    Filpicture.Path = Dirpicture.Path
End Sub
Private Sub Filpicture _ Click( )
    file _ name = Filpicture.FileName
    lblfilename = " 文件名 " + file _ name
    lblfilelen = " 文件长度 " & FileLen(file _ name) & " bytes "
    picshow.Picture = LoadPicture(file _ name)
End Sub

Private Sub Form _ Load( )
    Drvpicture.Drive = App.Path
    Dirpicture.Path = Drvpicture.Drive
    Filpicture.Path = Dirpicture.Path
    txtfilepattern = " * .bmp "
    lblfilename = ""
    lblfilelen = ""
    vsbpicture.Max = picshow.Width
    vsbpicture.LargeChange = 100
    hsbpicture.LargeChange = 100
    vsbpicture.SmallChange = 10
    hsbpicture.SmallChange = 10
    pic _ height = picshow.Height
    pic _ width = picshow.Width
End Sub
```

```
Private Sub hsbpicture _ Change( )
  picshow. Width = pic _ width + hsbpicture
  picshow. Left = − 1 ∗ hsbpicture
End Sub

Private Sub hsbpicture _ Scroll( )
  picshow. Width = pic _ width + hsbpicture
  picshow. Left = − 1 ∗ hsbpicture
End Sub

Private Sub vsbpicture _ Change( )
  picshow. Height = pic _ height + vsbpicture
  picshow. Top = − 1 ∗ vsbpicture
End Sub

Private Sub vsbpicture _ Scroll( )
  picshow. Height = pic _ height + vsbpicture
  picshow. Top = − 1 ∗ vsbpicture
End Sub
```

课内思考题

1．试述将程序和数据分开存放的好处。

2．一般数据文件依照存取方式分成哪三大类?

3．试述顺序文件和随机文件的差异处。

课外作业题

1．请完善实验内容 1 的程序代码,并在此基础上,为"文件编辑器"加上"编辑"和"查找"菜单,使其成为较完善的文本编辑软件。

2．请将实验内容 2 的基本代码继续完善,并加入"删除"和"查找"按钮。

实验十二 图形和图像

实验目的

1．掌握 VB 坐标系统、绘图模式等基本绘图概念。

2．掌握 VB 绘制图形语句的基本用法。

3．掌握 VB 绘制曲线的基本技术。

预备知识

1．理解与 VB 绘图有关的基本概念。

2．掌握 VB 绘制图形的基本语句。

3．理解 VB 的图形坐标系统。

4．掌握 Pset 函数和 Line 函数的使用方法。

实验内容 1

图形语句实验。要求利用 VB 提供的绘制图形方法,编写一个简单的绘图软件。

设计思想

1. 通过提供的菜单选择所画图形的种类。

2. 对窗体的鼠标事件(Mouse_Down、Mouse_Up、Mouse_Move)编程,利用绘图命令实现在窗体上绘图。

操作步骤

1. 建立新工程,并设计如图 12.1 所示窗体:

图 12.1   画图实验窗体

其中各控件属性及菜单定义如表 12.1:

表 12.1   各控件属性值设置及菜单定义

控件对象	属　　性	属性值	菜　　单				
			标题	名称	标题	名称	Index
	Caption	画图实验	文件	FileMenu	形体	ShapeMenu	
Form1	BackColor	白色	·加载图形	FileLoad	·直线	Shape	1
	ForeColor	浅蓝色	·清空窗体	FileClear	·圆形	Shape	2
CommonDialog1	Name	Cdlog	·退出	FileExit	·方形	Shape	3
Label1	Name	Label1			·文字	Shape	4
	Visible	False					

2. 定义窗体级变量。

```
Dim DShape As String                              '用于保存所选图形类型
Dim XStart As Single, YStart As Single            '用于保存绘图起始点坐标
Dim XPrevious As Single, YPrevious As Single      '用于保存上一次绘图终点坐标
```

3. "文件"菜单命令代码。

● "加载图形"菜单命令代码

```
Private Sub FileLoad_Click()
    Dim FileName As String                        '打开的文件名
    CDlog.Filter = ″图形文件 | *.bmp; *.gif; *.jpg″  '设置打开文件类型
    CDlog.ShowOpen
```

```
        FileName = CDlog.FileName                   '获取文件名
        If FileName < > "" Then
        Form1.Picture = LoadPicture(FileName)        '加载图形
        End If
    End Sub
```

● "清空窗体"菜单命令代码。

```
Private Sub FileClear_Click()
    Cls                                          '清除窗体上所画图形
    Form1.Picture = LoadPicture                   '清除窗体的背景图案
End Sub
```

● "退出"菜单命令代码。

```
Private Sub FileExit_Click()
    Unload Me
End Sub
```

4. 为"形体"菜单编写代码。

```
Private Sub Shape_Click(Index As Integer)
    Select Case Index                            '根据菜单数组的 Index 属性值,判断所选形状
        Case 1
            DShape = " LINE "
        Case 2
            DShape = " CIRCLE "
        Case 3
            DShape = " BOX "
        Case 4                                   '如选择"文字",则输入要显示的文字
            DShape = " TEXT "
            Label1.Caption = InputBox("输入文字:")
    End Select
End Sub
```

5. 按下鼠标左键事件代码。

```
Private Sub Form_MouseDown(Button As Integer, Shift As Integer, X As Single, Y As Single)
    If Button < > 1 Then Exit Sub                '如果不是鼠标左键,则退出
    XStart = X                                   '将绘图起始位置设置为当前 X、Y 坐标值
    YStart = Y
    XPrevious = Xstart                           '用当前坐标值初始化前次绘图终点
    YPrevious = YStart
    Form1.DrawMode = 7                           '将绘图模式设置为"vbXorPen"方式
    If DShape = " TEXT " Then                     '如果选择显示文字,则设置文字颜色、标签位置并显示
        Label1.ForeColor = Form1.ForeColor
        Label1.Visible = True
        Label1.Left = X
        Label1.Top = Y
    End If
End Sub
```

6. 移动鼠标事件代码。

```
Private Sub Form_MouseMove(Button As Integer, Shift As Integer, X As Single, Y As Single)
```

```
        If Button < > 1 Then Exit Sub
        Select Case DShape                                          '判别图形类型
            Case " LINE "
                Form1.Line (XStart, YStart) - (XPrevious, YPrevious) '擦除前次画的直线
                Form1.Line (XStart, YStart) - (X, Y)                 '画新直线
            Case " CIRCLE "
                Form1.Circle (XStart, YStart), Sqr((XPrevious - XStart) ^ 2 + (YPrevious - YStart) ^ 2)
                                                                     '清除上次画的圆
                Form1.Circle (XStart, YStart), Sqr((X - XStart) ^ 2 + (Y - YStart) ^ 2)   '画新圆
            Case " BOX "                                             '清除上次画的方形
                Form1.Line (XStart, YStart) - (XPrevious, YPrevious), , B
                Form1.Line (XStart, YStart) - (X, Y), , B            '画新方形
            Case " TEXT "                                            '若是显示文字,则移动标签位置
                Label1.Left = X
                Label1.Top = Y
                Exit Sub
        End Select
        XPrevious = X                                               '保存当前坐标
        YPrevious = Y
    End Sub
```

7. 鼠标左键弹起事件代码。

```
    Private Sub Form _ MouseUp(Button As Integer, Shift As Integer, X As Single, Y As Single)
        If Button < > 1 Then Exit Sub
        Form1.DrawMode = 13                                        '将绘图模式设为"bCopyPen"
        Select Case DShape
            Case "LINE"
                Form1.Line (XStart, YStart) - (X, Y)
            Case "CIRCLE"
                Form1.Circle (XStart, YStart), Sqr((X - XStart) ^ 2 + (Y - YStart) ^ 2)
            Case "BOX"
                Form1.Line (XStart, YStart) - (X, Y), , B
                '若为显示文字,则在当前鼠标位置打印文字,并使标签不可见
            Case "TEXT"
                Form1.AutoRedraw = True
                Form1.CurrentX = X
                Form1.CurrentY = Y
                Form1.Print Label1.Caption
                Label1.Visible = False
        End Select
    End Sub
```

图 12.2　运行结果

8. 调试并运行该画图程序,运行结果如图 12.2 所示:

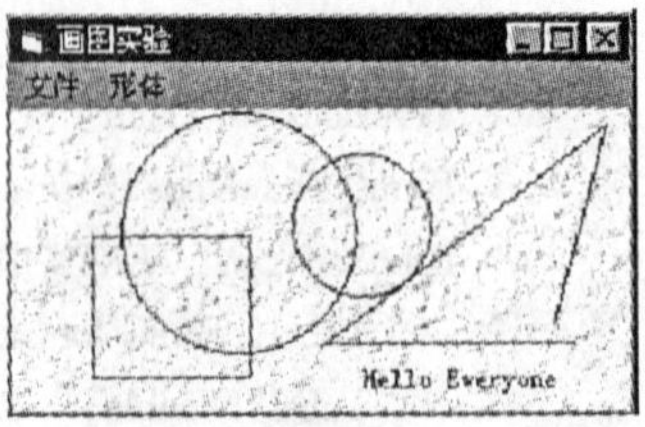

实验内容 2

绘制曲线实验。要求绘制函数 Cos(3 * X) * Sin(5 * X)图形。

设计思想

1. 将图片框控件的坐标系,设为以像素为单位的坐标系统。
2. 计算出函数的最大值和最小值。
3. 建立该适于图形的用户定义坐标系。
4. 在该坐标系下,用 Pset 方法或 Line 方法画图。

操作步骤

1. 建立新工程,设计如图 12.3 所示窗体。
2. 编写"画曲线 1"按钮的单击事件代码。

图 12.3　窗体设计

```
Private Sub Command1 _ Click( )
    Dim T As Double, FunctionVal As Double
    Dim XMin As Double, XMax As Double          'X 坐标的最大与最小值
    Dim YMin As Double, YMax As Double          'Y 坐标的最大与最小值
    Dim XPixels As Integer, i As Integer
    XMin = 2                                    '设置 X 坐标的最大与最小值
    XMax = 10
    Picture1.Cls                                '清空图形控件
    Picture1.ScaleMode = 3                      '将坐标系设为以像素为单位的坐标系统
    XPixels = Picture1.ScaleWidth - 1           '取得以像素表示的图片框宽度
    T = XMin + (XMax - XMin) / Xpixels
    YMax = Cos(3 * T) * Sin(5 * T)              '给 Y 坐标的最大和最小变量赋初值
    YMin = YMax
    For i = 1 To Xpixels                        '确定函数的最大和最小值
        T = XMin + (XMax - XMin) * i / XPixels
        FunctionVal = Cos(3 * T) * Sin(5 * T)
        If FunctionVal > YMax Then YMax = FunctionVal
        If FunctionVal < YMin Then YMin = FunctionVal
    Next
    Picture1.Scale (XMin, YMin) - (XMax, YMax)  '建立用户定义坐标系
    For i = 0 To Xpixels                        '在图片框内画曲线
        T = XMin + (XMax - XMin) * i / XPixels
        If Opt _ PSet.Value = True Then         '用 Pset 方法
            Picture1.PSet (T, Cos(3 * T) * Sin(5 * T))
        Else                                    '用 Line 方法
            Picture1.Line - (T, Cos(3 * T) * Sin(5 * T))
        End If
    Next
End Sub
```

3. 调试并运行软件,屏幕出现如图 12.4 所示结果。

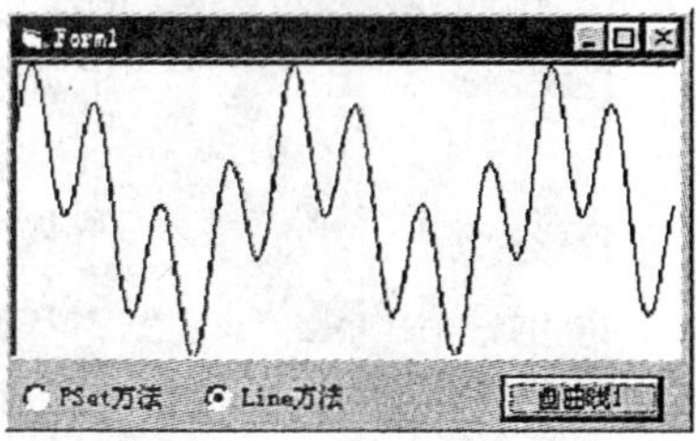

课外作业

请在本实验程序基础上,加上绘图线宽、填充方式及绘图颜色。

课内思考

1. 根据给定函数画出曲线大致需要几个步骤?

图 12.4　运行结果

2．分析用 Pset 和 Line 方法画出曲线的区别。

实验十三　数据库应用

实验目的

1．掌握利用数据访问控件(Data Control)建立简单数据库的技术。

2．掌握数据绑定控件的使用方法。

3．了解利用数据访问对象(ADO)设计数据库的技术。

预备知识

1．数据库管理的基础知识。

2．数据库结构化查询语言(SQL)基本使用方法。

3．数据控件的属性、方法和使用。

4．数据访问对象(ADO)的基本知识。

实验内容 1

利用"可视化数据管理器"建立学生数据库,其数据库的文件名称是"student"。

操作步骤

1．在图 13.1 VB 集成开发环境窗口中执行菜单[外接程序→可视化数据管理器],出现"可视化数据管理器"窗口。

图 13.1　VB 集成开发环境窗口

2．在图 13.2"可视化数据管理器"窗口中,执行[文件→新建→Microsoft Access→Version 7.0]命令。

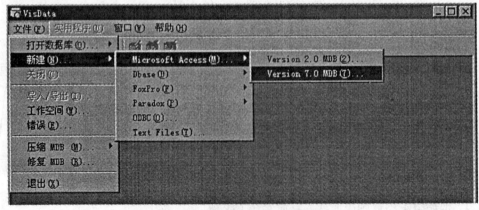

图 13.2　"可视化数据管理器"窗口

3．出现图13.3"Select Microsoft Access Database to Create"即是"选择要创建的 Microsoft Access 数据库"对话框，用来设置数据库存放的文件夹路径以及数据库文件名。按照图13.3将数据库路径设置在 A 盘符的根目录文件夹内而数据库文件名设置为"student"，其存放的文件类型选为"＊.mdb"。

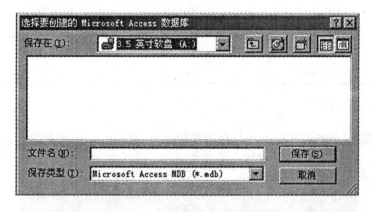

图 13.3　Microsoft Access 数据库对框

4．在图13.3按"保存"按钮后，在图13.4的"可视化数据管理器"窗口内出现在左窗口的"数据库窗口"以及右窗口的"SQL 语句"，表示数据库已经建立完毕，并且等待建立数据表。

5．我们先不建立任何数据表，所以执行菜单［文件→退出］命令，关闭"可视化数据管理器"窗口。

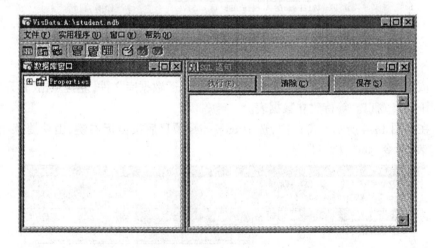

图 13.4　"可视化数据管理器"窗口

实验内容 2

在"student"数据库中建立名称为"stud_info"的数据表。如表13.1所示。

表 13.1	表名:stud _ info	
字段名	字段类型	字段长度
stud _ id	Text	8
stud _ name	Text	8
stud _ sex	Text	2
stud _ age	Integer	2
stud _ grade	Text	10
stud _ note	Memo	0

操作步骤

1. 执行菜单[外接程序→可视化数据管理器]命令,出现"可视化数据管理器"窗口。如图13.2所示。在图 13.2 即"可视化数据管理器"窗口中,执行[文件→打开→Microsoft Access]命令,打开如图 13.5"Microsoft Access Database"对话框。

图 13.5　Microsoft Access Database 对话框

2. 依图 13.5 所示,选中保存在 A 盘符的"student"数据库文件,左键点击"打开"按钮,出现如图 13.4 窗口。等待建立数据表。

3. 在如图 13.4 所示的窗口内,选中 properties 项目后按鼠标右键,由快捷菜单中,选取"新建表"命令,如图 13.6 所示。

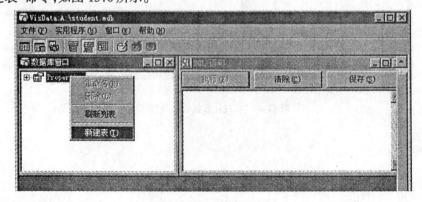

图 13.6　选取"新建表"界面

4. 结果出现"表结构"对话框,如图 13.7 所示。提供给设计者建立数据表格。其建立"stud-info"数据表的步骤如下:

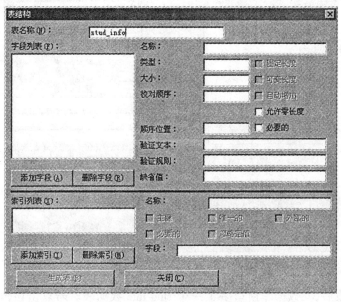

图 13.7 表结构对话框

● 在"表结构"对话框中,先输入数据表名称"stud-info",再按按钮。

● 接着出现图 13.8"添加字段"对话框,输入如表 13.1 中第一个字段的名称、类型及大小。

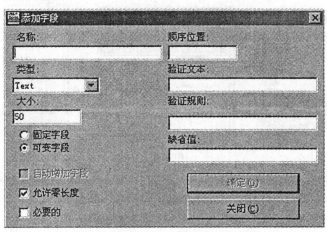

图 13.8 "添加字段"对话框

● 按"确定"按钮,再根据图 13.8 的操作方式,依次输入如表 13.1 中其他字段的名称、类型及大小。

● 所有字段输入结束后,按"关闭"按钮离开"添加字段"对话框,返回"表结构"对话框,如图 13.9 所示。

● 在图 13.9 窗口中,按"生成表"按钮,表示要建立已经编辑好的数据表"stud-info"。

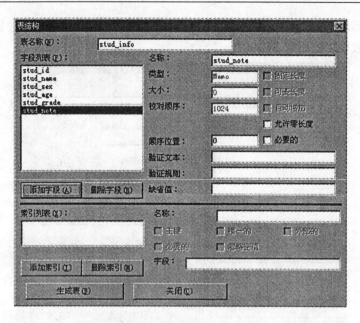

图 13.9

● 设计完成后,在数据库窗口多了一个 stud-info 数据表。若点击该数据表名称左边的图标,就可以从 Fields 的子项目中看 stud-info 表格内所有的字段名称,如图 13.10 所示。

图 13.10

5. 输入数据表"stud-info"的基本数据。所要输入的数据如表 13.2 所示。具体输入的步骤如下:

表 13.2　　　　　　　　数据表"stud-info"的基本数据

stud _ id	stud _ name	stud _ sex	stud _ age	stud _ grade	stud _ note
21000101	刘 军	男	32	01	教师
21000202	张恩华	男	30	02	运动员
21000303	何示军	女	18	03	学生

● 在数据库窗口中的数据表名称"stud-info"上,双击鼠标左键,以打开"stud-info"数据表对话框,如图 13.11 所示。

● 在图 13.11 中按"添加"按钮,出现如图 13.12 窗口,输入数据表中的第一条记录。

（即依次输入）

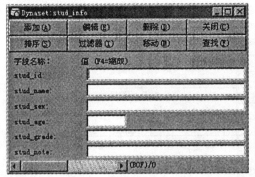

图13.11   图13.12　学生档案管理系统界面

- 输入第一条记录的各个数据栏值后,按"更新"按钮,保存数据第一条记录。
- 再重复上述两步,依次输入其他条记录。
- 所有数据输入完毕后,按"取消"按钮,结束数据记录的输入。
- 离开"可视化数据管理器"。

实验内容3

利用数据访问控件和数据绑定控件,设计一个管理学生档案的数据库软件。

操作步骤

1.利用 VB 的"可视化数据数据管理器",建立数据库。

- 首先在"D：\ book"路径下,建立数据库"student.mdb"。
- 在数据库中,新建如表 13.3 所示的表。

表 13.3　　　　　　　　　　表名：stud＿info

字段名	字段类型	字段长度
stud＿id	Text	8
stud＿name	Text	8
stud＿sex	Text	2
stud＿age	Integer	2
stud＿grade	Text	10
stud＿note	Memo	0

2. 建立新工程,设计如图 13.1 所示的窗体。

3. 数据访问控件的属性设置见表 13.4。

表 13.4　　　数据访问控件的属性值设置

属　性	设置值
Caption	""
Connect	Access
DatabaseName	"D：\ book \ student.mdb"
Name	Data1
ReadOnly	False
RecordsetType	1-Dynaset
RecordSource	Stud＿info

4. 按表 13.5 设置其他控件属性。

表 13.5　　　　　　　　　　　　各控件的属性值设置

控件对象	属 性	设 置	控件对象	属 性	设 置
Label1	Caption	学号		DataSource	Data1
Label2	Caption	姓名	Text1	DataField	Stud _ id
Label3	Caption	性别		Name	T _ id
Label4	Caption	"年龄"		DataField	Data1
Label5	Caption	年级	Text2	DataField	stud _ name
Label6	Caption	待查学生		Name	T _ name
Label7	Caption	备注		DataSource	Data1
Combo1	DataSource	Data1	Text3	DataField	stu _ age
	DataField	stud _ sex		Name	T _ age
Command1	Caption	添加		DataSource	Data1
	Name	Cmd _ add	Text4	DataField	Stud _ grade
Command2	Caption	删除		Name	T _ grade
	Name	Cmd _ del	Text5	Name	T _ find
Command3	Caption	查找		DataSource	Data1
	Name	Cmd _ find	Text6	DataField	Stud _ note
Command4	Caption	退出		Name	T _ note
	Name	Cmd _ exit			

5.编写程序代码。

● 窗体 Load 事件代码。

```
Private Sub Form _ Load()
    Com _ sex. AddItem " 男 "                          '初始化组合框控件
    Com _ sex. AddItem " 女 "
End Sub
```

● 窗体 Activate 事件代码。

```
Private Sub Form _ Activate()
  Data1. Recordset. MoveLast                          '将记录指针移到记录集的最后一条记录
  Data1. Recordset. MoveFirst                         '将记录指针移到记录集的第一条记录
  Data1. Caption = " 共有学生:" & Data1. Recordset. RecordCount & " 人 "    '显示记录数
End Sub
```

● "添加"按钮的 Click 事件代码。

```
Private Sub Cmd _ Add _ Click()
If MsgBox(" 输新记录 ", vbOKCancel, " 添加记录 ") = vbOK Then    '询问是否添加记录
                                                   '总记录数增加 1
    Data1. Caption = " 共有学生:" & Data1. Recordset. RecordCount + 1 & " 人 "
    With Data1. Recordset
        T _ id. SetFocus                            '将输入焦点设置到 T _ id 控件上
        . AddNew                                    '加入新记录
    End With
End If
End Sub
```

● "删除"按钮 Click 事件代码。

```
Private Sub Cmd _ Del _ Click()
If MsgBox(" 真的想删除学生:" & T _ name. Text & " 吗? ", vbQuestion Or vbOKCancel) = vbOK Then
```

```
            '询问是否真的删除记录,若删除则执行下面代码
            Data1.Recordset.Delete                    '删除记录
            Form_Activate                             '调用窗体 Activate 事件过程,显示总记录数
        End If
    End Sub
```

● "查找"按钮 Click 事件代码。

```
    Private Sub Cmd_Find_Click()
        If T_find.Text = "" Then                      '如果没有输入查找的姓名,则退出该过程
            Exit Sub
        End If                                         '利用 Data 控件的 FindFirst 方法,查找满足要求的记录
    Data1.Recordset.FindFirst "stud_name=" & "'" & Trim(T_find.Text) & "'"
    If Data1.Recordset.NoMatch Then                    '若 NoMatch 为真,则没有符合要求的记录
        MsgBox "没有要查找的学生", vbInformation
        Data1.Recordset.MoveFirst                      '显示第一条记录
        Exit Sub
    End If                                              '若有满足要求的记录,则记录指针已指向该记录
    End Sub
```

● "退出"按钮 Click 事件代码。

```
    Private Sub Cmd_Exit_Click()
        Unload Me
    End Sub
```

6.调试并运行以上代码。

实验内容 4

利用数据访问对象(ADO)技术,设计学生档案管理软件。

操作步骤

1.建立新工程,选择"工程"菜单中的"引用"命令,将"Microsoft ADO 2.5/3.51 Compatibility Library"库,加入到工程中。

2.设计如图 13.13 所示的窗体界面。

图 13.13　窗体设计

3.按表 13.6 设置窗体上各控件的属性。

表 13.6   控件及其属性设置

控件对象	属 性	设 置	对 象	属 性	设 置
Label1	Caption	学号	Label2	Caption	姓名
Text1	Name	T _ id	Combo1	Name	Com _ name
Label3	Caption	性别	Label4	Caption	"年龄"
Combo2	Name	Com _ sex	Text3	Name	T _ age
Label5	Caption	年级	Label6	Caption	待查学生
Text4	Name	T _ grade	Text5	Name	T _ find
Label7	Caption	备注	Label8	Caption	当前记录号
Text6	Name	T _ note	Text7	Name	Lab _ Num
Command1	Caption	添加	Command2	Caption	修改
	Name	Cmd _ Add		Name	Cmd _ modify
Command3	Caption	删除	Command4	Caption	查找
	Name	Cmd _ Del		Name	Cmd _ find
Command5	Caption	向上	Command6	Caption	向下
	Name	Cmd _ prev		Name	Cmd _ next

4. 编写如下代码:

● 声明两个窗体级变量。

```
Option Explicit
Dim DB As Database                              '声明数据库对象
Dim Rs As Recordset                             '声明记录集对象
```

● 建立函数,显示当前记录指针所指记录内容。

```
Function Show _ recorder( )
    T _ id.Text = Rs.Fields! stud _ id          '显示学号
    Com _ name.Text = Rs.Fields! stud _ name    '显示姓名
    Com _ sex.Text = Rs.Fields! stud _ sex      '显示性别
    T _ age.Text = Rs.Fields! stud _ age        '显示年龄
    T _ grade.Text = Rs.Fields! stud _ grade    '显示年级
    T _ note.Text = Rs.Fields! stud _ note      '显示备注内容
    Lab _ num.Caption = Rs.AbsolutePosition + 1 & "/" & Rs.RecordCount
                                                '显示当前记录号和总记录数

End Function
```

● 编写窗体 Load 事件代码。

```
Private Sub Form _ Load( )
    Dim conn as new adodb.connection
    Dim rs as new adodb.recordset
    Dim connstr as string
    Connstr = " provider = microsoft. jet. oledb. 3. 5. 1: "& _
    "data source = app. path & " \ student. mdb "
    Conn. open connstr
    Rs. cursortlocation = aduseclient
    Rs. open " SELECT * FROM stud _ info " , conn , adopenkeyset, adlockpessimistic
    Com _ sex. AddItem " 男 "                      '初始化性别组合框
```

```
        Com _ sex. AddItem " 女 "
        If Rs. RecordCount > 0 Then                    '若记录集有记录,则执行下面代码
            Rs. MoveFirst                              '将记录指针指向第一条记录
            Do While Not Rs. EOF                       '扫描整个记录集
                Com _ name. AddItem Rs. Fields! stud _ name    '将学生姓名加入到组合框中
                Rs. MoveNext                           '指针移到下条记录
            Loop
            Rs. MoveFirst                              '将记录指针指向第一条记录
            Show _ recorder                            '显示第一条记录
        End If
    End Sub
```

● 编写"添加"按钮 Click 事件代码。

```
    Private Sub Cmd _ Add _ Click()                    '如果没有填写学号、姓名、性别和年龄中的
                                                       任一项,则显示数据输入不完整信息,并退
                                                       出该事件过程
    If T _ id. Text = "" Or Com _ name. Text = "" Or Com _ sex. Text = "" _
        Or T _ age. Text = "" Then
        MsgBox " 学生数据输入不完整! ", vbInformation
        Exit Sub
    End If                                             '询问是否真的希望加入新记录
    If MsgBox("真要添加学生:" & Com _ name. Text & " 吗?", vbQuestion Or vbOKCancel) = vbOK Then
        Rs. AddNew                                     '添加记录
        Rs. Fields! stud _ id = T _ id. Text           '为记录的各个字段赋值
        Rs. Fields! stud _ name = Com _ name. Text
        Rs. Fields! stud _ sex = Com _ sex. Text
        Rs. Fields! stud _ age = CInt(T _ age. Text)
        Rs. Fields! stud _ grade = T _ grade. Text
        Rs. Fields! stud _ note = T _ note. Text
        Rs. Update                                     '将新添加的记录提交到数据库
        Rs. MoveFirst                                  '将记录指针指向第一条记录
        Com _ name. AddItem Com _ name. Text           '将新添加的学生姓名加入到组合框中
        Show _ recorder                                '显示第一条记录
    End If
    End Sub
```

● 编写"删除"按钮 Click 事件代码。

```
    Private Sub Cmd _ del _ Click()
        Rs. Delete                                     '删除当前记录指针所指向的记录
        If Rs. RecordCount > 0 Then                    '如果当前记录集有学生记录,则显示第一条记录
            Rs. MoveFirst
            Show _ recorder
        Else                                           '如记录集中的记录数为 0,则更新显示记录数标签
            Lab _ num. Caption = " 0/0 "
        End If
    End Sub
```

● 编写"修改"按钮 Click 事件代码。

```
    Private Sub Cmd _ modify _ Click()
                                                       '如果没有填写学号、姓名、性别和年龄中的任一项,则
                                                       显示数据输入不完整信息,并退出该事件过程
    If T _ id. Text = "" Or Com _ name. Text = "" Or Com _ sex. Text = "" _
        Or T _ age. Text = "" Then
        MsgBox " 学生数据输入不完整! ", vbInformation
```

```
            Exit Sub
         End If                              '询问是否真要修改学生记录
      If MsgBox("真要修改学生记录吗?", vbQuestion Or vbOKCancel) = vbOK Then
         Rs.Edit                             '编辑当前记录
         Rs.Fields! stud_id = T_id.Text      '修改各个字段值
         Rs.Fields! stud_name = Com_name.Text
         Rs.Fields! stud_sex = Com_sex.Text
         Rs.Fields! stud_age = CInt(T_age.Text)
         Rs.Fields! stud_grade = T_grade.Text
         Rs.Fields! stud_note = T_note.Text
         Rs.Update                           '将更改的内容提交到数据库
         Rs.MoveFirst                        '显示第一条记录
         Show_recorder
      End If
   End Sub
```

● 编写"查找"按钮 Click 事件代码。

```
   Private Sub Cmd_find_Click()
      If T_find.Text = "" Then               '如果待查找的姓名为空,则显示提示信息并退出
         MsgBox "请输入待查学生姓名!", vbInformation
         Exit Sub
      End If
      Rs.FindFirst " stud_name = " & "'" & T_find.Text & "'"   '查找第一条满足要求的记录
      If Rs.NoMatch Then                     '如没有查到,则显示信息
         MsgBox " 没有你要查的学生! ", vbInformation
         Exit Sub
      Else
         Show_recorder                       '若查到满足要求的记录,则显示该记录
      End If
   End Sub
```

● 编写姓名组合框的 Click 事件代码。

该段代码在用户从姓名组框中选择任一姓名时,自动显示该学生其他信息。

```
   Private Sub Com_name_Click()
      If Com_name.Text < > "" Then
         Rs.FindFirst " stud_name = " & "'" & Com_name.Text & "'"
         Show_recorder
      End If
   End Sub
```

● 编写"向下"按钮 Click 事件代码。

```
   Private Sub Cmd_Next_Click()
      If Not Rs.EOF Then                     '如果记录指针没有指向最后,则将指针下移一条记录
         Rs.MoveNext
         If Not Rs.EOF Then                  '如果记录指针没有指向最后,则显示记录
            Show_recorder
         End If
      End If
   End Sub
```

● 编写"向上"按钮 Click 事件代码。

```
   Private Sub Cmd_prev_Click()
      If Not Rs.BOF Then       '如果记录指针没有指到记录集顶部,则将指针上移一条记录
         Rs.MovePrevious
```

```
              If Not Rs.BOF Then      '如果记录指针没有指到记录集顶部,则显示记录
                    Show _ recorder
                End If
            End If
        End Sub
```

● 编写窗题的 Unload 事件代码。

```
    Private Sub Form _ Unload(Cancel As Integer)
        Rs.Close                      '关闭记录集
        DB.Close                      '关闭数据库对象
    End Sub
```

5.调试并运行上述代码。

课内思考题

1. 使用数据访问控件(Data Control)和数据访问对象(ADO),编写数据库软件其各自的优点和缺点是什么?

2. 记录、字段、表与数据库之间的关系是什么?

3. VB 中的记录集有几种类型? 有何区别?

4. 要利用数据控件返回数据库中的记录集合,怎样设置它的属性?

5. 当记录集的 BOF = EOF 时,记录集是否为空?

6. 如果要显示数据表内的照片,可使用哪些控件?

7. 对数据库进行增、改操作后,必须使用什么方法确认操作?

8. 怎样使绑定控件能被数据库约束?

9. 怎样准确地获得记录集的记录计数?

10. 怎样使用 ADO 对象存取数据?

11. 怎样删除数据库中的表单?

12. VB 提供的用于设置错误陷阱,捕捉错误的 On Error 语句有几种形式?